조선시대의 산학총서

이수신편(理藪新編) 제 23권

산학본원
(算學本源)

서명산인 황윤석(西溟散人 黃胤錫) 편집
강신원·장혜원 옮김

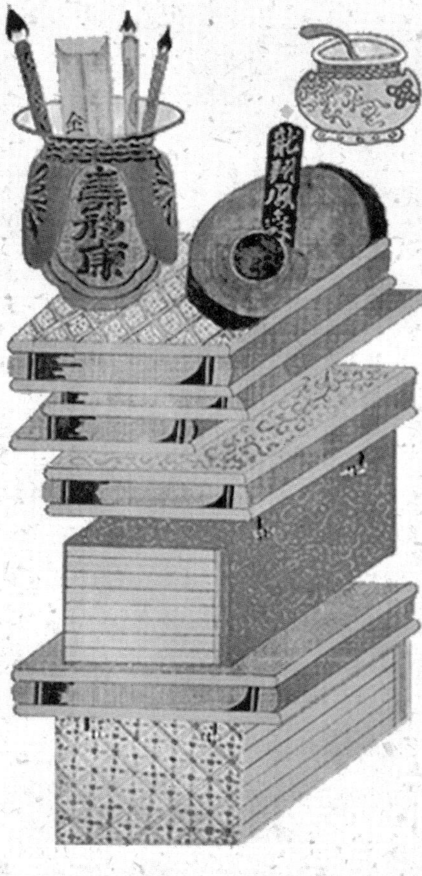

KYOWOO CO. Publishing 教友社

조선 시대의 산학서를 내면서

한국수학사학회에서는 한국학술진흥재단이 지원한 2002년도 기초학문육성지원사업(인문사회분야 국학고전연구)의 일환으로 연구 과제 《조선 시대의 산학서 번역》을 수행했다. 이의 목적은 다음과 같다.

(1) **한국 수학사 연구의 기초 마련** 우리의 전통 수학을 체계적으로 번역하고 현대적인 관점에서 해석한 결과물을 제시함으로써, 이에 대한 연구를 자극하는 촉진제와 연구의 기초를 마련한다.

(2) **고전에 대한 접근 용이성 및 자료 보급** 고전 문헌을 현대어로 번역함으로써, 많은 사람들에게 우리의 전통 수학을 접할 수 있는 기회를 제공한다.

이를 위해 다음과 같은 10종의 산학서를 선택하여 번역했다.

『默思集算法』 천・지・인 3권
『九數略』 건・곤 2권
『九一集』 천・지・인 3권
『算學入門』(『이수신편』 21・22권) 2권
『算學本源』(『이수신편』 23권) 1권
『算術管見』 1권
『借根方蒙求』 건・곤 1권
『翼算』 상・하편 2권
『測量圖解』 1권
『劉氏句股述要圖解』 1권

한국수학사학회 회장

역자 서문

이재 황윤석(頤齋 黃胤錫)은 영조 50년(1774)에 이수신편(理藪新編)을 완성했는데, 제23권 <산학본원>에 대해 황윤석 자신은 그 책의 첫 장에서 다음과 같이 설명하고 있다.

> 世傳算學書所謂算學原本 乃本國人所編 〔鶴城朴繘所編嘗經殷山郡守沒後其子斗世就正此書于崔錫鼎序之刊行〕 而攷其書或誤訛 究其法多闕漏 今另加修潤正之補之 遂載于此 蓋原本啓蒙之階梯 而吾此書又原本之階梯也
>
> 세상에 전하여지는 산서 중에 이른바 〈산학원본〉이라고 하는 책이 있다. 이것은 우리나라 사람이 편집한 것이다. 〔학성의 박율이라는 사람이 편집한 것이고, 그는 한때 은산 군수를 지냈다. 이 사람이 죽은 후에 그의 아들 두세가 이 책을 바로 잡아 최석정에게서 서문을 받아 출판하였다.〕 그런데 이 책을 보면 어느 곳은 잘못되거나 사실과 다르고 그 해법을 살펴보면 여러 가지 빠진 부분이 많다. 여기서 다시 고치고 바로 잡아 새로운 것을 보충하여 이수신편에 싣는다. 〈산학원본〉은 중국의 〈산학계몽〉의 입문 해설서이나 내가 쓴 이 책 〈산학본원〉은 〈산학원본〉의 입문 해설서이다.

이 설명이 분명히 말해주고 있는 바와 같이 <산학본원>은 주세걸이 저술한 <산학계몽>의 입문 해설서라고 할 수 있다. 이 책이 다루고 있는 주요 내용은 다음과 같은 것이다.

직방원율에서는 어떤 수의 제곱근을 구할 때 정수 이외의 부분이 있으면 이것을 근사값으로 표시하는 방법과, 역으로 근사값으로 표시된 제곱근을 환원하여 원래 수를 구하는 연산을 다룬다.

또한 동문산지개평방기령법에서는 산서 <동문산지(同文算指)>에 수록되어 있는 개평방의 축차근사값을 구하는 예가 있다. 그 중의 한 예는 <동문산지>의 본문이 틀렸는데도 아무런 검증 없이 그대로 인용하고 있다. 이것은 황윤석이 사대부 신분의 지식인으로서 산학을 연구하고 있으며 중인 산학자들처럼 전문 산학 연구가가 아님을 대변하는 것이다.

원율삼가에서는 조충지원산에 대하여 심도있게 다루고 개방술에서는 개평방(이차방정식의 풀이)에서 개칠승방(팔차방정식의 풀이)까지의 공식을 설명하고 있다. 다음의 광제승방법에서는 천원술을 이용한 방정식의 표기 및 해법을 예를 들어 고차방정식까지 비교적 자세히 설명한다. <산학계몽>으로 유입된 천원술을 평이하게 설명하려고 노력하는 데 많은 지면을 할애하고 있다.

일러두기

이 책은 다음과 같은 사항에 따라 작성하였다.

1. 국역 원본은 다음 책에 수록된 <이수신편 제23권 산학본원>이다.
   한국과학기술사자료대계 수학편 3 (김용운 편, 여강출판사, 1985)

2. 번역은 원문에 충실하게 직역하는 것을 원칙으로 한다.

3. 번역문을 먼저 제시하고 이어 대응하는 원문의 한자어를 제시한다.

4. **이 활자체로 쓰여진 것이 원문에 해당하는 번역 및 원문의 내용이다.**

5. 책의 방대한 내용을 체계적으로 제시하기 위해 각 주제마다 [1], [2], [3], …을 첨부하고, 그 아래 소주제에 대해 [1-1], [1-2],… 와 같이 번호를 부여하여 작성하였다.

6. 원문에서 저자는 작은 활자로 주해를 첨부하였으나, 번역서에서는 편의상 [ ] 안에 제시하기로 한다.

7. 역자 주는 본문 중의 '☞ 역자 주: ' 및 각주를 이용하여 제시한다. 전자는 내용과 관련하여 더 일반적인 설명을 위해, 후자는 원문의 구체적인 부분과 관련하여 부가적인 설명이나 잘못된 내용을 수정하기 위해 사용한다.

8. 책이름은 < >로 표시한다.

9. 역자 주에서 인용한 참고문헌은 각주로 처리하여 제시한다.

목차(目次)

이수신편 제 23 권 理數新編卷之二十三

서명산인 황윤석 편집(西溟散人 黃胤錫 編輯)

산학본원 算學本源

세상에 전하여지는 산서 중에 이른바 〈산학원본〉이라고 하는 책이 있다. 이것은 우리나라 사람이 편집한 것이다. 〔학성의 박율이라는 사람이 편집한 것이고, 그는 한때 은산 군수를 지냈다. 이 사람이 죽은 후에 그의 아들 두세가 이 책을 바로 잡아 최석정에게서 서문을 받아 출판하였다.〕 그런데 이 책을 보면 어느 곳은 잘못되거나 사실과 다르고 그 해법을 살펴보면 여러 가지 빠진 부분이 많다. 여기서 다시 고치고 바로 잡아 새로운 것을 보충하여 이수신편에 싣는다. 〈산학원본〉은 중국의 〈산학계몽〉의 입문해설서이나 내가 쓴 이 책 〈산학본원〉은 박율이 쓴 〈산학원본〉의 입문해설서이다.

世傳算學書所謂算學原本 乃本國人所編 〔鶴城朴繘所編嘗經殷山郡守沒後其子斗世就正此書于崔錫鼎序之刊行〕 而攷其書或誤訛 究其法多闕漏 今另加修潤正之補之 遂載于此 蓋原本啓蒙之階梯 而吾此書又原本之階梯也

[1] 직방원율(直方圓率)

〔개평방[1]의 부분〕〔開方之分〕

여기에 써있는 것을 보면 오직 평방을 풀어 분수로 나타내는 방법만 있다. 입방 이상의 예는 없다. 그것이 더 어려우므로 하고자 아니 하였다. 마땅히 다시 생각할 일이다.

按此所載只有開平方 命分母子之法 而立方已上 獨闕其例 豈其愈涉艱棘 故未有推演耶 當更思

〔1-1〕

〈구장산술〉에 구3 고4 현5의 비율에 대하여 써 있다. 방오사칠(정사각형의 변이 5일 때 대각선이 7)[2]의 뜻은 없다. 〔구는 직각으로 모난 것이다. 음은 평성이다.〕

〔구고현은 목공의 직각으로 구부러진 곡척자와 같이 비유된다. 자의 구부러진 머리 부분은 구이다. 자의 기다란 가지 부분은 고이다. 머리 부분과 가지 부분의 끝을 서로 이으면 그것이 현이다 구3을 제곱하면 9이다. 고4를 제곱하면 16이다. 합하면 25이고 제곱근을 구하면 현5를 얻는다. 방오사칠의 비율은 〈산학계몽〉에서 볼 수 있다.

九章有句三股四弦五之率 無方五斜七之義 〔句曲[3]也 平聲〕

〔句股弦比如木匠曲尺 尺頭句也 尺梢股也 尺頭與尺梢盡處相去弦也○句三自乘九 股四自乘一十六 合二十五 開平方得弦五 方五斜七之率見於啓蒙〕

직적(直積)

---

1) '개평방'이란 제곱근 구하는 것을 포함하여 평방, 즉 이차방정식을 푸는 것을 뜻한다. 세제곱근, 네제곱근, …, n제곱근을 구하는 것, 일반적으로 삼차방정식, 사차방정식, … n차 방정식을 푸는 것을 각각 개입방, 개삼승방, …, 개$(n-1)$승방이라 하며 총칭하여 개방술이라 한다. 주의할 것은 n차원을 다룰 때 그 명칭에서는 $n-1$이 붙는다는 것이다. 예컨대 개삼승방은 사차방정식을 푸는 것이며, 마찬가지로 삼승방체라 하면 모든 모서리의 길이가 같은 4차원 도형을 뜻한다.

2) 방5사7은 한 변이 5일 때 대각선 $\sqrt{5^2+5^2}=\sqrt{50}$을 7로 보는 것으로, 매우 근사적인 비율이다. [1-9] 참고.

3) 곡(曲)은 곡척전에서와 같이 90도로 구부러진 ㄱ자형(gnomon)을 의미한다.

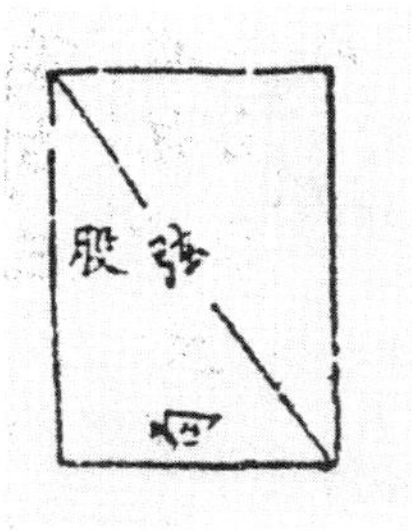

직사각형의 길이[4]는 고이다. 너비는 구이다. 대각선은 현이다.

長爲股 闊爲句 斜爲弦

방적(方積)

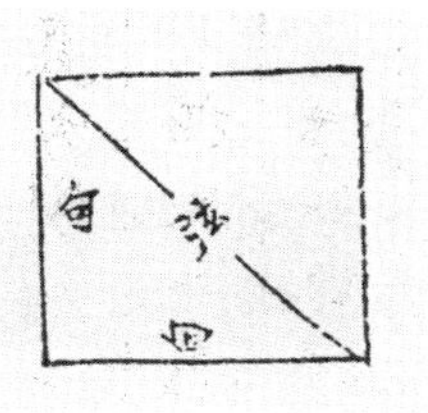

정사각형의 변은 구가 되고 또 고가 된다. 대각선은 현이다.

面爲句爲股 斜爲弦

원적(圓積)

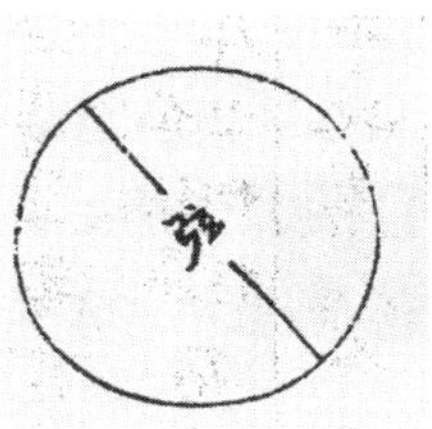

원의 지름은 현이 된다.

徑爲弦

☞ 역자 주: 반원의 원주각은 $\frac{\pi}{2}$ 이므로 직각삼각형을 생각할 수 있고 그때 지름이 곧 현이 된다.

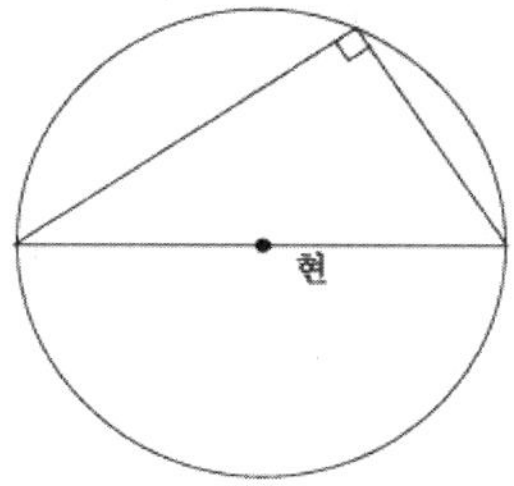

〔1-2〕

구와 고를 알고 현을 구하는 방법

〔구와 고를 각각 제곱하여 합한 다음 제곱근을 구하여 현을 구한다.〕

구와 현을 알고 고를 구하는 방법

〔구를 제곱하여 현의 제곱에서 뺀 다음 제곱근을 구하여 고를 구한다.〕

---

4) 직사각형의 두 변 중 긴 것을 길이(長), 짧은 것을 너비(闊)라 한다.

고와 현을 알고 구를 구하는 방법
〔고를 제곱하여 현의 제곱에서 뺀 다음 제곱근을 구하여 구를 구한다. 이상의 세 그림5)과 세 풀이 방법은 모두 〈양휘산법〉에 나와있다.〕

句股求弦 〔句股各自乘幷而開方求弦〕

句弦求股 〔句自乘減弦自乘開方求股〕

股弦求句 〔股自乘減弦自乘開方求句○以上三圖三術幷出楊輝算法〕

구의 제곱과 고의 제곱을 서로 합하면 현의 제곱이다. 따라서 구와 고를 각각 제곱하여 합한 다음 제곱근을 구하면 현을 얻는다. 또 현의 제곱에서 구의 제곱을 뺀 나머지는 고의 제곱이다. 따라서 구를 제곱하여 현을 제곱한 것에서 뺀 다음 제곱근을 구하면 고를 얻는다. 현의 제곱에서 고의 제곱을 뺀 나머지는 구의 제곱이다. 따라서 고를 제곱하여 현의 제곱에서 뺀 다음 제곱근을 구하면 구를 얻는다. 〔무릇 현의 제곱이 넓이의 2배라고 하는 것은 정사각형인 경우이다. 만약 직사각형일 때에는 현의 제곱에서 직사각형의 넓이의 2배를 빼서 이때 나머지가 있으면 이것은 직사각형의 길이에서 너비를 뺀 수6)의 제곱이다.〕

句冪股冪之相併卽弦冪也 故句股各自乘併而開方求弦 又如弦冪內減句冪餘卽股冪也 故句自乘減弦自乘開方求股 弦冪內減股冪餘卽句冪也 故股自乘減弦自乘開方求句 〔凡弦冪卽積數之倍此以方積言 若直積則弦冪內除倍積之數又有餘數 是爲較冪〕

☞ 역자 주: 오늘날의 피타고라스의 정리에 해당하는 구고술에 대한 설명이다. 즉 구를 a, 고를 b, 현을 c라 하면 다음 식으로 표현할 수 있다.

$$a^2+b^2=c^2$$

$$a=\sqrt{c^2-a^2}$$

또한 현의 제곱이 넓이의 2배라는 것은 기하학적으로 대각선을 한 변으로 하는 정사각형의 넓이가 원래 정사각형의 넓이의 2배임을 뜻하므로 정사각형인 경우에 해당하며, 다음과 같이 식으로 확인할 수 있다.

$$\begin{aligned} c^2-2ab &= a^2+b^2-2ab \\ &= (a-b)^2=0 \end{aligned}$$

---

5) [1-1]의 직적·방적·원적 그림을 말한다. 양휘의 <속고적기산법>에 있다.

6) 즉 고에서 구를 뺀 수이다.

$a=b$

더욱이 직사각형의 경우에는 $(a-b)^2=k\neq0$이므로 나머지가 곧 구와 고의 차의 제곱이다.

〔1-3〕 구3 고4 현5의 그림 (句三股四弦五之圖)

〔직사각형의 넓이. 이 구고현은 일정한 비율이 있고 아울러 모두 소수점 이하가 없다.[7] 따라서 정률이라 한다. 나머지도 이와 같다.〕

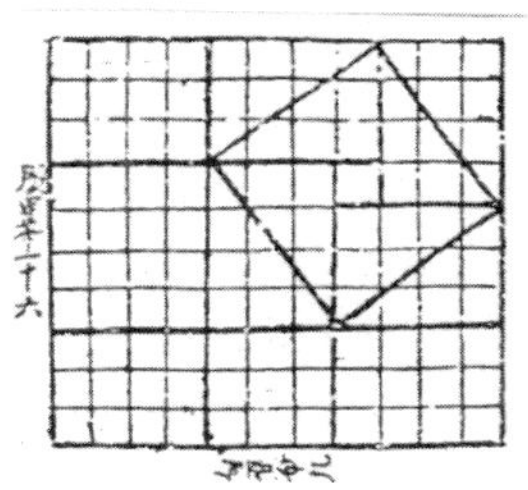

구3, 고4, 현5이다.

구고화는 7, 구현화는 8, 현화화는 12이다.

구고교는 1, 구현교는 2, 고현교는 1,

고현화는 9이다.

직사각형의 넓이는 12이다.

가는 선 안에 굵은 선을 써서 별도로 각각의 경계를 나타냈다. 〔다음 그림도 같다.〕

〔直積○此句股弦有定率並無零故曰定率○餘倣此〕

句三股四弦五

句股和七 句弦和八 弦和和一十二

句股較一 句弦較二 股弦較一 股弦和九

直積一十二

細線內別用大線以表各界 〔下圖同〕

☞ 역자 주: 화(和)는 합, 교(較)는 차를 뜻한다. 구, 고, 현 3개의 요소가 있으므로, 화와 교는 다음과 같이 각각 3가지씩 있게 된다.

구고화　구현화　고현화

구고교　구현교　고현교

더불어 현과 구고화(구＋고)의 합인 구＋고＋현을 현화화라 한다.

중심의 왼쪽에 있는 직각삼각형은 넓이가 6이고 구는 3, 제곱은 9, 고는 4, 제곱은 16이며 구와 고의 제곱의 합은 25, 즉 현의 제곱이다.

7) 3:4:5의 정수비임을 뜻한다.

직각삼각형의 오른쪽에 있는 사선은 현이고 길이는 5이다. 현을 제곱하면 오른쪽의 큰 정사각형이며 넓이는 현의 제곱 25이다. 현의 제곱 안에는 직각삼각형이 넷 있고 넓이는 모두 24이다. 따라서 이 현의 제곱[8]의 중심의 넓이는 1이고 이것은 구고교의 제곱과 같다.

中心左半句股形 積六句三冪九股四冪一十六 句股冪幷二十五卽弦冪 句股右邊斜線弦五 自弦右邊大方形弦冪二十五 弦冪內容句股形四積二十四 弦冪中心積一 卽句股較冪

☞ 역자 주: 본문 중 '중심의 왼쪽에 있는 직각삼각형'과 '오른쪽의 큰 정사각형'은 오른쪽 그림의 직각삼각형과 정사각형을 말한다. 구를 a, 고를 b, 현을 c라 하면, 중심의 넓이는 큰 정사각형(현의 제곱)에서 네 직각삼각형의 넓이를 뺀 것이므로 다음이 성립한다.

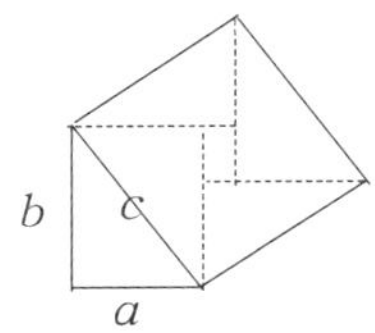

$$c^2-4\times\frac{ab}{2}=a^2+b^2-2ab=(a-b)^2$$

즉, 중심의 넓이는 구고교의 제곱이다.

〔1-4〕 구3 고3 현4 영[9] 그림(句三股三弦四零之圖)

〔정사각형의 넓이. 이것은 근사적으로 정한 것이다. 나머지도 이와 같다.〕

가령 구3, 고3이면 이때 현은 4하고 소수점 이하 2426406 〔그리고 끝이 없다. 73923164. 여기서 7은 위의 영 아래 있는 6과 같은 자리 수이다.〕

〔方積◯此假立◯餘倣此〕

假如句三則股三是弦四零二四二六四空六〔不盡七三九二三一六四◯此七與上文空下六同位〕

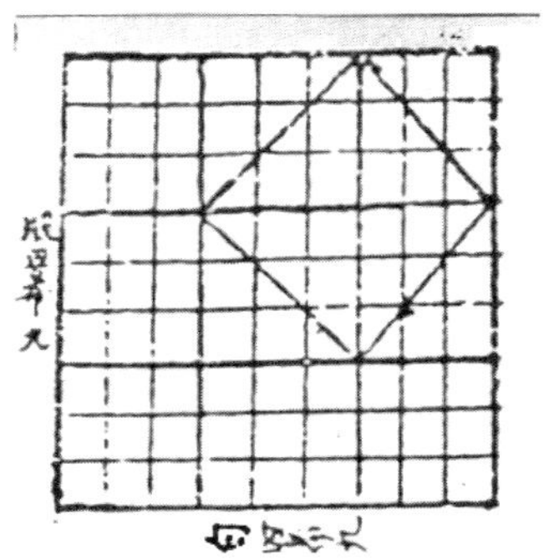

☞ 역자 주: 이 문제에서는 구와 고가 3으로 같은 경우에 현을 다음과 같이 구

8) 그림에서 큰 정사각형이다.

9) 소수점을 의미한다. 소수점 아래 수가 계속됨을 알 수 있다.

하였다.

$$\sqrt{9+9}=\sqrt{18}=4.24264073923164$$

오늘날의 근사값 $\sqrt{18}=4.24264068711928$과 비교할 때 소수 여섯째 자리까지 일치하며 오차가 10^{-7}수준이라는 점을 통해 당시의 계산의 정확성을 추측하기에 충분하다.

정사각형에서 대각선을 구하는 방법은 직사각형에서 대각선을 구하는 것과 그 이론은 같다. 직사각형에서는 이미 아는 바와 같이 구의 제곱과 고의 제곱을 합하여 제곱근을 구하면 현을 얻는다. 바로 구와 고의 제곱의 합이 현의 제곱이므로 여기에서 현을 얻는 것이다. 만약 정사각형이면 역시 한 변을 제곱하여 이것을 2배하면 이것이 바로 구와 고의 제곱의 합이므로 현의 제곱이다. 따라서 제곱근을 구하면 현을 얻는다. 단, 직사각형에서 대각선을 구하는 방법으로 미루어보아 정사각형의 대각선을 구할 수 있는데, 이는 방5사7의 비율보다 더 정밀하다. 위에 있는 정사각형에서 구3이고 고3이면 각각을 제곱하여 더하여 18자이고, 제곱근을 구하면 현은 4자 영 2치 4푼 26406이고 더 있어 끝이 없다. 만약 방5사7의 비율을 쓰면 현은 4자하고 아랫자리가 2치로 끝난다. 개방법과 비교하여보면 이것은 너무 먼 근사값이다.

蓋方積求弦之法與直積求弦其理一也 直形旣以句冪股冪幷之開平方得弦 夫句股冪幷之則弦冪是以得弦 若方形亦以方面自之倍之 是爲句股冪幷爲弦冪之數 故開平方得弦 但依直積求弦法推而通之 可求方弦 其視方五斜七之率最精且密矣○如上文方積句三股三 各自之幷之得一十八尺 開平方得弦四尺零二寸四分二六四空六又有不盡 若用方五斜七 則弦四尺零止二寸 以課開方不及遠矣

☞ 역자 주: 방5사7의 비율에 의하면 한 변이 3일 때 대각선은 $3\times\frac{7}{5}=4.2$로, 위에서 제곱근으로 구한 4.24264073923164 보다 훨씬 대략적인 값이다.

〔1-5〕 이외에도 또 구8 고15 현17의 비율인 직각삼각형이 있다. 〔역시 모두 소수점 이하가 없다. 구의 제곱은 64이다. 고의 제곱은 225이다. 서로 합하면 현의 제곱인 289이다. 구고화는 23이다. 구현화는

25이다. 현화화는 40이다. 구고교는 7이다. 구현교는 9이다. 고현교는 2이다. 고현화는 32이다. 직사각형의 넓이는 120이다.]
此外又有句八股一十五弦一十七之率〔亦並無零◯句冪六十四 股冪二百二十五 並之則弦冪二百八十九◯句股和二十三 句弦和二十五 弦和和四十 句股較七 句弦較九 股弦較二 股弦和三十二 直積一百二十〕

〔1-6〕 직률
장과 평[10]을 서로 곱한 것을 적(넓이)이라 하고, 자기 자신에 자기를 서로 곱하면 멱(제곱)이라 한다. 장과 평을 서로 합한 것은 화라 하고, 장과 평을 서로 뺀 것은 교라 한다. 〔교와 차는 같은 뜻이다. 교는 같지 않다는 뜻이다.[11] 차는 등급의 차이다. 음은 초매절이다. 교와 같다.〕 평으로 장을 나눈 것을 소장이라 하고, 장으로 평을 나눈 것을 소평이라 한다. 〔이 여섯 구절은 〈산학계몽〉의 총괄에 나와 있다.〕
長平相乘曰積 自相乘之曰冪 長平相幷曰和 長平相減曰較〔較與差同義 較不等也 差等差也 初賣切較也〕 平除長爲小長 長除平爲小平〔此六句出啓蒙摠括〕

장〔고〕과 평〔구〕을 각각 제곱하여 합하면 현의 제곱이다. 직사각형의 넓이를 2배하여 위의 수에서 빼면 나머지는 교의 제곱과 같고 이것의 제곱근을 구하면 장과 평의 차이다. 작은 변의 제곱과 큰 변의 제곱의 합은 역시 현의 제곱이다. 소평[12]에 큰 변의 제곱을 곱하면 역시 직사각형의 넓이이다. 장과 평의 합을 제곱한 것은 직사각형의 넓이의 4배와 교의 제곱의 합과 같으므로, 직사각형의 넓이를 4배하여 이것을 장평의 합의 제곱에서 뺀 나머지의 제곱근을 구하면 교를 얻는다. 교에 화를 더하여 2로 나누면 장을 얻고 장에서 교를 빼면 평을 얻고, 교에 화를 더하면 장의 2배이고, 화에서 교를 빼면 평의 2배이다. 장의 2배와 평의 2배를 서로 곱하면 직사각형의 넓이의 4배이다.

---

10) 즉, 직사각형의 길이와 너비이다. 이어 나오는 소장(장/평), 소평(평/장)과 관련지어 그대로 옮긴다.
11) 교는 차와 마찬가지 의미이지만, $b-a>0$, 즉 $a \neq b$인 것으로 보인다.
12) 본문에는 소방, 즉 작은 변의 제곱으로 되어 있지만 의미상 소평으로 고쳐야 옳다.

長〔股〕平〔句〕各自之幷爲弦冪 以直積倍之減於上位 餘爲較冪 開平方得長平較 小方大方共積亦爲弦冪 小方[13]乘大方亦爲直積 求較同長平和自之卽四段直積 一段較冪也列積四之減於上位餘開平方得較 較加和半之得長 長內減較得平 較加和得二長 和減較得二平 二長二平相乘爲四段直積

☞ 역자 주: 오른쪽 직사각형과 같이 너비(구)를 a, 길이(고)를 b, 대각선(현)을 c라 할 때 다음이 성립한다.

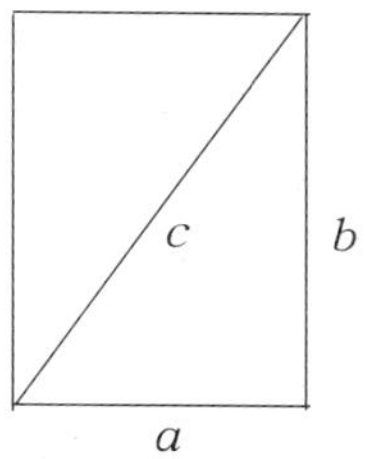

1. $c^2-2ab=a^2+b^2-2ab=(b-a)^2$
2. 소평$=\dfrac{a}{b}$이므로 $\dfrac{a}{b}\cdot b^2=ab$, 즉 직사각형의 넓이이다.
3. $b-a=\sqrt{(a+b)^2-4ab}$
4. $\dfrac{(b-a)+(b+a)}{2}=b$
5. $b-(b-a)=a$
6. $(b-a)+(b+a)=2b$
7. $(b+a)-(b-a)=2a$
8. $2b\times 2a=4ab$, 즉 직사각형의 넓이의 4배이다.

〔1-6-1〕 지금 직사각형의 밭이 있다. 구는 4자이고 고는 9자이다. 현은 얼마인가?
今有直田句四尺股九尺 問弦幾何

답: $9\dfrac{16}{19}$자〔분은 거성이다. 넓이는 36자이다. 넓이의 두 배 외에 또 교의 제곱이 25자임을 안다. 제곱근을 구하면 5자이다.〕
答曰九尺一十九分尺之一十六 〔分去聲○積三十六尺○二積外又有較冪二十五尺 開方得五尺〕

구와 고의 제곱을 서로 합하면 97을 얻는다. 〔현의 제곱이다.〕 이것을

13) 方을 平으로 고쳐야 한다.

실로 하여 제곱근을 구한다. 〔염법은 1로 한다.〕 9자를 얻으면 실의 나머지는 16자이다. 즉 제곱근이 끝이 없는 수이므로 방법을 2배하고 여기에 아래의 법수〔염법〕를 더하면 19가 되어 이것을 분모로 하고 실의 나머지 수 16을 분자로 하면 된다. 〔〈양휘산법〉에 말하기를, 제곱근이 끝이 없는 수는 분자로 하여 분수를 만든다. 방법은 다음과 같다. 우수를 배하여 염에 합하고 한 자리 물리친다. 제곱근에서는 2배, 세제곱근에서는 3배하여 아래 법의 수에 더하여 셈한 것을 모두 분모로 하고 앞에 이야기한 나머지 수를 분자로 하여 분수를 만든다.〕

併句股冪得九十七〔弦冪〕 爲實開方〔一爲廉法〕 得九尺餘實一十六尺 卽開方不盡之數二因方法添八下法〔廉法〕 共一十九爲分母 餘實十六尺爲分子合問 〔楊輝算法曰開方除不盡之數 命爲分子 術曰倍隅數入廉一退 平方二因立方三因幷入下法 算總爲分母 以命分子之數〕

☞ 역자 주: 제곱근이 딱 떨어지지 않는 경우, 정수 이하 부분을 분수로 처리하는 방법에 대해 알 수 있다. 즉 제곱근의 정수 부분 이하를 $\frac{\text{실의 나머지}}{\text{방법}\times 2+\text{염법}}$로 나타낸다. 예컨대 97의 제곱근을 구하는 과정은 다음과 같다.

$$\begin{array}{ccc|l} 1 & 0 & -97 & \\ & 9 & 81 & (\ 9 \\ \hline 1 & 9 & -16 & \end{array}$$

여기서 상 9를 얻고, 방법이 9, 염법이 1, 실의 나머지가 16이므로 9 이외의 부분은 $\frac{16}{9\times 2+1}=\frac{16}{19}$이 된다.

이것을 다음과 같이 생각할 수 있다. a의 제곱근을 구하기 위해 $x^2-a=0$을 푼다. 초상을 α라 하면 다음과 같다.

$$\begin{array}{ccc|l} 1 & 0 & -a & \\ & \alpha & \alpha^2 & (\ \alpha \\ \hline 1 & \alpha & \alpha^2-a & \\ & \alpha & & \\ \hline 1 & 2\alpha & & \end{array}$$

여기서 $x^2+2\alpha x+(\alpha^2-a)=0$의 해인 차상을 β라고 하면 $0<\beta<1$이므로, 두 점 $(0,\ \alpha^2-a)$와 $(1,\ 1+2\alpha+\alpha^2-a)$를 지나는 직선 $y=(1+2\alpha)x+(\alpha^2-a)$의 x

절편 $x=\frac{a-\alpha^2}{1+2\alpha}=\frac{r}{1+2\alpha}$ 을 β로 한 것이다. 즉 다음과 같다.

$$\sqrt{a}=\sqrt{\alpha^2+r}\fallingdotseq\alpha+\frac{r}{2\alpha+1}$$

따라서 97의 제곱근을 다음과 같이 구한다.

$$\sqrt{97}=\sqrt{9^2+16}\fallingdotseq 9+\frac{16}{2\times 9+1}=9\frac{16}{19}$$

〔1-6-2〕 지금 직사각형의 밭이 있다. 구와 현14)은 앞의 문제와 같다. 고는 얼마인가?
今有直田句弦上同 問股幾何

답: 9자
答曰九尺

현을 가분수로 고쳐, 즉 통분내자(가분수로 고쳐 분자를 취함)하여〔내는 납과 통한다. 다른 책의 통분납자와 같다.〕 얻은 분자를 제곱한다. 분자를 분모에서 뺀 나머지를 분자에 곱하여 위의 수에 더하여 왼쪽에 놓아두자. 다시 분모를 제곱하면 361이고 이것을 구의 제곱에 곱하여 얻은 수를 왼쪽에 놓아둔 수에서 빼면 나머지가 29241이다. 이것을 실로 하고 361을 염으로 하는 평방을 풀면 고를 얻는다. 〔〈양휘산법〉에 말하기를, 제곱수를 다시 구하는 환원술은 다음과 같다. 길이의 정수 부분을 분모와 곱하여 분자에 합하고 제곱하여 위에 놓는다. 분자를 분모에서 뺀 나머지를 분자에 곱하여 얻은 수를 위의 수에 더하여 실로 한다. 분모를 제곱하여 법으로 하여 나누면 제곱수를 얻는다. 실을 법으로 나눈다.
弦通分内子〔内與納通〕 自之分子 減分母餘乘分子加入上位寄左 又以分母自乘三百六十一 乘句冪得數以減寄左 餘二萬九千二百四十一爲實 以三百六十一爲廉 開方得股〔楊輝算法曰 再求積數還元術曰 置方面全步以分母通之併入分子自乘於上 又以分子減分母餘以分子乘之得數併入上位爲實 商除還

14) 현을 근사값으로 생각하는 것이다. 이후 문제에서 근사값으로 구한 데이터를 다음 문제에서 이용할 때 이와 같이 생각한다.

元無此一段以分母自乘爲法 實如法而一]

☞ 역자 주: 풀이의 절차를 요약하면 다음 식으로 표현된다.

$$\sqrt{\frac{187^2+(19-16)\times 16-4^2\times 19^2}{19^2}}$$

여기서 $\frac{187^2+(19-16)\times 16}{19^2}$은 현의 제곱을 나타낸 것으로, 제곱근의 근사값으로부터 원래 수인 제곱을 찾은 것이다. 그런데 <양휘산법>에서 설명하는 이 방법은 제곱근의 근사값 $\alpha+\frac{a-\alpha^2}{2\alpha+1}$의 분자와 분모를 이용하여 다음과 같이 나타낼 수 있고, 이를 변형시키면, 결국 (분자)$+\alpha^2$로 귀착되는 번거로운 방법임을 알 수 있다.

$$a=\frac{(\alpha\cdot 분모+분자)^2+(분모-분자)\cdot 분자}{분모^2}$$

$$=\frac{\alpha^2 분모^2+2\alpha 분모\cdot 분자+분자^2+분모\cdot 분자-분자^2}{분모^2}$$

$$=\frac{\alpha^2 분모^2+(2\alpha+1)분모\cdot 분자}{분모^2}$$

$$=\frac{\alpha^2 분모^2+분모^2\cdot 분자}{분모^2}$$

$$=\alpha^2+분자$$

실제로 $\sqrt{a}=\sqrt{\alpha^2+r}\fallingdotseq\alpha+\frac{a-\alpha^2}{2\alpha+1}$이므로 정수 이외의 부분을 분수로 나타낸 것에서 (분자)$+\alpha^2$이 곧 구하는 a이다. 따라서 이 문제에서 현의 제곱 $a=16+9^2$이고 구하는 고는 $\sqrt{(16+81)-4^2}=9$로 구할 수 있다.

별해: 분모를 제곱하여 실수에 곱하고 이것의 제곱근을 구한다. 또 분모를 제곱하여 실을 나누고 이것의 제곱근을 구한다. 이것이 더욱 빠른 방법이다.

又術以分母冪乘實數平方開之 又以分母冪除實平方開之 尤捷

〔1-6-3〕 지금 직사각형의 밭이 있다. 고와 현은 앞의 문제와 같다. 구는 얼마인가?
今有直田股弦上同 問句幾何

답: 4자
答曰四尺

현을 가분수로 고쳐 분자를 제곱하고 분모에서 분자를 뺀 나머지를 분자에 곱한 수를 더하여 왼쪽에 놓아둔다. 분모를 제곱하여 고의 제곱에 곱하여 얻은 수를 왼쪽에 놓아둔 수에서 빼면 나머지가 5771[15]이다. 이것을 실로 한다. 〔나머지 풀이 방법은 앞의 문제와 같다.〕
弦通內自之 分子減分母餘乘分子倂之寄位 以分母冪乘股冪得數以減寄位 餘五千七百六十一[16]爲實 〔餘同上法〕

〔1-6-4〕 지금 직사각형의 밭이 있다. 구는 4자, 현은 9자이다. 고는 얼마인가?
今有直田句四尺弦九尺 問股幾何

답: $8\frac{1}{17}$ 자
答曰八尺一十七分尺之一

구의 제곱을 현의 제곱에서 뺀 나머지 65의 제곱근을 구하면 고를 얻는다.
句冪去減弦冪 餘六十五爲實 開方得股

☞ 역자 주: $\sqrt{9^2-4^2}=\sqrt{65}=\sqrt{8^2+1}\fallingdotseq 8+\frac{1}{2\times 8+1}=8\frac{1}{17}$

---

15) 5776으로 고쳐야 한다.
16) 이것은 틀렸다. 五千七百七十六으로 고쳐야 한다.

〔1-6-5〕 지금 직사각형의 밭이 있다. 구와 고는 앞의 문제와 같다. 현은 얼마인가?
今有直田句股同上 問弦幾何

답: 9자
答曰九尺

고를 가분수로 고쳐 분자를 제곱하고 분자를 분모에서 뺀 나머지를 분자에 곱하고 위의 수에 더하여 옆에 놓아둔다. 또 분모의 제곱을 구의 제곱에 곱하여 옆에 놓아둔 수에 더하여 실로 한다. 분모의 제곱 289를 염으로 하는 평방을 풀면 현을 얻는다.
股通內自之 又子減母餘乘子併之寄位 又以母冪乘句冪加入寄位爲實 以母冪二百八十九爲廉 開方得弦

☞ 역자 주: 고는 앞 문제의 근사값으로 다루어 그 제곱수는 [1-6-2]의 역자 주에서 설명한대로 $1+8^2=65$로 구한다. 따라서 다음과 같다.

$$\sqrt{(1+8^2)+4^2}=\sqrt{65+4^2}=9$$

〔1-6-6〕 지금 직사각형의 밭이 있다. 고와 현은 앞의 문제와 같다. 구는 얼마인가?
今有直田股弦上同 問句幾何

답: 4자
答曰四尺

고를 가분수로 고쳐 분자를 제곱하고 또 분모에서 분자를 뺀 나머지를 분자에 곱하여 더한 다음 왼쪽 놓아두자. 분모를 제곱하여 현의 제곱에 곱한 것을 왼쪽에 놓아둔 것에서 빼면 나머지가 4624이고 이것을 실로 한다. 〔나머지 방법은 앞의 문제와 같다.〕
股通內自之 又子減母餘子併之寄位 以母冪乘弦冪減去寄位 餘四千六百二十四爲實 〔餘同上法〕

〔1-6-7〕 지금 직사각형의 밭이 있다. 고는 5자이고 현은 7자이다. 구는 얼마인가?
今有直田股五尺弦七尺 問句幾何

답: $4\frac{8}{9}$자
答曰四尺九分尺之八

현의 제곱에서 고의 제곱을 빼면 나머지는 24이다. 이것의 제곱근을 구하면 구를 얻는다.
弦冪内減股冪餘二十四爲實 開方得句

〔1-6-8〕 지금 직사각형의 밭이 있다. 구와 고는 앞의 문제와 같다. 현은 얼마인가?
今有直田句股上同 問弦幾何

답: 7자
答曰七尺

구를 가분수로 고쳐 분자를 제곱하고 또 분모에서 분자를 뺀 나머지를 분자에 곱하고 더하여 왼쪽에 놓아둔다. 구의 분모를 고의 제곱에 통하여 왼쪽에 놓아둔 수에 더하면 3969이다. 이것을 실로 하고 분모의 제곱 81을 염으로 하는 평방을 풀면 현을 얻는다. 〔본문에서 구의 분모를 고의 제곱에 통한다고 한 것은 구의 분모를 제곱하여 고의 제곱에 곱한다는 것과 같은 뜻이다.〕
句通内自之 又子減母餘乘子幷之寄位 句母通股自之 加入寄位 共三千九百六十九爲實 以分母冪八十一爲廉開方得弦〔句母通股尺自之 卽母冪之乘股冪也 同義〕

〔1-6-9〕 지금 직사각형의 밭이 있다. 구와 현은 앞의 문제와 같다. 고는 얼마인가?
今有直田句弦上同 問股幾何

답: 5자
答曰五尺

구를 가분수로 고쳐 분자를 제곱하고 분모에서 분자를 뺀 나머지를 분자에 곱하여 더하고 왼쪽에 놓아두자. 구의 분모를 제곱하여 현의 제곱에 곱하여 왼쪽에 놓아둔 수를 뺀 나머지를 얻고 이것을 실로 한다. 〔나머지는 앞 문제의 해법과 같다.〕
句通内自之 子減母餘乘子併之寄位 以句母冪乘弦冪減去寄位餘爲實 〔上同〕

〔1-6-10〕 지금 직사각형의 밭이 있다. 구는 $4\frac{1}{2}$자이고 고는 9자이다. 현은 얼마인가? 〔넓이는 $40\frac{1}{2}$자이다. 넓이의 2배와 또한 교의 제곱 $20\frac{1}{4}$자가 있다. 제곱근을 구하면 $4\frac{1}{2}$자이다.〕
今有直田句四尺二分尺之一 股九尺 問弦幾何 〔積四十尺二分尺之一◯二積外又有較冪二十尺四分尺之一 開方得四尺二分尺之一 〕

답: $10\frac{5}{84}$자
答曰十尺八十四分尺之五

구를 가분수로 고쳐 분자를 제곱하고 구의 분모를 제곱하여 고의 제곱에 곱하여 이것을 합한 것을 실로 한다.〔405이다.〕 분모를 제곱한 4를 염으로 하는 평방을 풀면 현을 얻는다.
句通内自之 以句母冪乘股冪幷之爲實 〔四百空空五[17]〕 以分母冪四爲廉開方得弦

☞ 역자 주: $\sqrt{\left(\frac{9}{2}\right)^2+9^2}=\sqrt{\frac{9^2+9^2\times 2^2}{2^2}}=\sqrt{\frac{405}{4}}$을 구하는 것이므로 $4x^2-405=0$의 해를 구하면 된다.

〔1-6-11〕 지금 직사각형의 밭이 있다. 고와 현은 앞의 문제와 같다. 구는 얼마인가?
今有直田股弦上同 問句幾何

답: 4자 5치, $4\frac{17}{36}$자
答曰四尺五寸 四尺三十六分尺之十七

현을 가분수로 고쳐 분자를 제곱한다. 714025이다. 또 분자와 분모를 서로 뺀 나머지를 분자에 곱하여 얻은 395를 더하면 714420이다. 이것을 왼쪽에 놓아두자. 현의 분모의 제곱을 고의 제곱에 곱하면 571536이다. 이것을 왼쪽에 놓아둔 것에서 빼면 나머지가 142884이고 이것을 실로 한다. 분모의 제곱 7056을 염으로 하는 평방을 풀면 딱 떨어지고 4자 5치를 얻는다. 〔5치는 $\frac{1}{2}$자이다.〕
弦通内自之 七十一萬四空二五 又子母相減餘乘子 三百九十五幷之 七十一萬四四二[18]寄位 以弦母通股自之 五十七萬一五三六 減去寄位餘一十四萬二八八四爲實 以母冪七千空五十六爲廉 開方除實恰盡得四尺五寸〔五寸卽二分尺之一〕

별해: 개방법에서 4자를 얻은 후 개방연산에서 분모·분자법에 의하여[19] 분자는 29988이 되고 분모는 63504가 되어 각각 1764로 약분하면〔약한다는 뜻은 번거로운 것을 간추린다는 말이다.〕 문제에 맞는

17) 이것은 틀렸다. 四百空五로 바로 잡아야 한다.
18) 이것은 틀렸다. 七十一萬四四二空으로 바로 잡아야 한다.
19) 개방연산에서 정수 부분인 4 다음에 소수 부분이 있으므로 앞의 방법에 의해 분수로 나타낸다는 뜻이다.

답이다.

又如得四尺後 依開方分母子法 則子得二萬九九八八 母得六萬三五空四 各以約法一千七百六十四約之〔約束絲之義 卽以繁就簡之謂〕合問

별해: 실 142884와 염 7056을 각각 1764로 약분하면 실은 81이 되고 염은 4가 되어 평방을 풀면 더욱 빠르다. 〔다른 것도 이와 같다. 방법 28224를 2배하여 다시 아래의 법과 합하여 분모 63504를 얻는다. 나머지도 같다.〕

又術實一十四萬二八八四廉七千空五十六 各以約法一千七百六十四約之 實得八十一 廉得四開平方尤捷 〔他倣此○方法二萬八千二百二十四以二因之又添下法得母六萬三千五百空四 餘同〕

☞ 역자 주: [1-6-10]과 관련하여 현을 근사값으로 취급한다. [1-6-2]에서의 방법으로 환원하여 얻은 이차방정식 $7056x^2-142884=0$을 푼 것인데, 두 개의 답 중 전자는 개방술로 소수점 이하까지 계산(두 단계의 조립제법)한 것이고, 후자는 정수 부분 이하를 분수로 나타낸 것(조립제법의 첫 단계만 이용)이다. 즉 다음과 같다.

7056	0	−142884	
	28224	112896	(4
7056	28224	−29988	
	28224		
7056	56448		

7056	56448	−29988	
	3528	29988	(0.5
7056	59976	0	

따라서 답을 초상과 차상으로 합하여 4.5 또는 $4\frac{29988}{56448+7056}=4\frac{29988}{63504}=4\frac{17}{36}$로 구한다.

〔1-6-12〕 지금 직사각형의 밭이 있다. 구는 $4\frac{17}{36}$자이고 현은 앞의 문제와 같다. 고는 얼마인가?

今有直田句四尺三十六分尺之一十七 弦上同 問股幾何

답: 9자
答曰九尺

현을 가분수로 고쳐 분자를 구의 분모와 곱하면 30420이다. 이것을 제곱하면 925376400이다. 또 36을 분모에 곱하면 3024이고 여기에서 36을 분자에 곱한 180을 빼면 나머지가 2844이다. 180을 곱하면 511920을 얻고 현의 제곱에 더하면 925888320이다. 이것을 왼쪽에 놓아두자. 구를 가분수로 고쳐 분자를 현의 분모와 곱하면 13524이고 이것을 제곱하면 182898576이다. 또 84를 분자에 곱하면 1428이고 이것을 84를 분모에 곱한 3024에서 빼면 나머지가 1596이다. 1428을 곱하면 2279088을 얻어 구의 제곱에 더하면 185177664이다. 이것을 왼쪽에 놓아둔 수에서 빼면 나머지가 740710656이 되어 이것을 실로 한다. 또 구의 분모의 제곱과 현의 분모의 제곱을 서로 곱하여 얻은 9144576을 염으로 하는 평방을 풀면 고를 얻는다.

弦通内以句母通之三萬空四百二十自之 九億二千五百三十七萬六四[20] 又三十六之分母三千空二十四内減三十六之分子一百八十餘二千八百四十四 以一百八十乘之得五十一萬一九二[21] 加入弦冪得九億二千五百八十八萬八三二[22] 寄位 句通内以弦母通之一萬三五二四自之 一億八千二百八十九萬八五七六 又八十四之分子一千四百二十八減八十四之分母三千空二十四餘一千五百九十六 以一千四百二十八乘之 得二百二十七萬九空八八加八 句冪得一億八千五百一十七萬七六六四去減寄位 餘七億四千空七十一萬空六五六爲實 又句母冪弦母冪相乘得九百一十四萬四五七六爲廉開平方得股

☞ 역자 주: 풀이 과정은 결국 $\sqrt{\left(10\frac{5}{84}\right)^2-\left(4\frac{17}{36}\right)^2}$을 계산하는 것인데, 현과 구가 모두 근사값이므로 제곱수로 환원하는 [1-6-2]의 방법을 그대로 좇아 복잡한 것이다. 풀이 과정을 다음과 같이 식으로 나타내어 보면 [1-6-2]의 방법을

20) 이것은 틀렸다. 九億二千五百三十七萬六四空空으로 바로 잡아야 한다.
21) 이것은 틀렸다. 五十一萬一九二空으로 바로 잡아야 한다.
22) 이것은 틀렸다. 九億二千五進八十八萬八三二空으로 바로 잡아야 한다.

확인할 수 있다.

$$\frac{\{(845\cdot36)^2+(36\cdot5)(36\cdot84-36\cdot5)\}-\{(161\cdot84)^2+(84\cdot17)(84\cdot36-84\cdot17)\}}{84^2\cdot36^2}$$

다만 통분하기 위해 상대의 분모인 36과 84 각각의 제곱을 곱해준 것이다.

〔1-6-13〕 지금 직사각형의 밭이 있다. 구는 $4\frac{1}{2}$자이고 현은 앞의 문제와 같다. 고는 얼마인가?

今有直田句四尺二分尺之一 弦上同 問股幾何

답: 9자

答曰九尺

현을 가분수로 고쳐 분자를 구의 분모와 곱하면 1690이고 제곱하면 2856100이다. 또 분자를 2배한 10을 분모를 2배한 168에서 뺀 나머지 158을 10에 곱하면 1580이고 이것을 더하면 2857680이다. 이것을 왼쪽에 놓아두자. 구를 가분수로 고쳐 분자를 현의 분모와 곱하면 756이고 제곱하여 571536이다. 이것을 왼쪽에 놓아둔 수에서 빼면 나머지가 2286144이고 이것을 실로 한다. 또 구의 분모의 제곱과 현의 분모의 제곱을 서로 곱하여 28224를 얻어 이것을 염으로 하는 평방을 풀면 고를 얻는다. 〔분모와 분자를 2배한 것은 현에서 통분할 때 구의 분모 2를 곱한 것이고 앞의 문제에서 36을 곱한 것과 같다.〕

弦通内以句母因之一千六百九十 自之二百八十五萬六一[23] 又以二之分子十減二之分母一百六十八 餘一百五十八 以十因之得一千五百八十 加入弦冪得二百八十五萬七六八[24]寄位 句通内以弦母通之七百五十六 自之五十七萬一五三六 去減寄位餘二百二十八萬六一四四爲實 又以句母冪弦母冪相乘二萬八二二四爲廉 開方得股〔二之分母子者弦尺通内 又以句母二因之 前三十六之分母子同〕

---

23) 이것은 틀렸다. 二百八十五萬六一空空으로 바로 잡아야 한다.

24) 이것은 틀렸다. 二百八十五萬七六八空으로 바로 잡아야 한다.

☞ 역자 주: 풀이 과정은 결국 $\sqrt{\left(10\frac{5}{84}\right)^2-\left(4\frac{1}{2}\right)^2}$을 계산하는 것인데, 이 경우에는 현만 근사값으로 계산하였다. 따라서 통분하기 위해 앞 문제의 36대신 2를 곱하고, 구는 그대로 계산하였다. 즉 다음과 같다.

$$\frac{\{(845\cdot 2)^2+(2\cdot 5)(2\cdot 84-2\cdot 5)\}-(9\cdot 84)^2}{84^2\cdot 2^2}$$

〔1-6-14〕 지금 직사각형의 밭이 있다. 구는 $4\frac{17}{36}$자이고 고는 앞의 문제와 같다. 현은 얼마인가?
今有直田句四尺三十六分尺之一十七 股上同 問弦幾何

답: 앞의 문제와 같다.
答曰同前

구를 가분수로 고쳐 분자를 제곱하면 25921이다. 분모에서 분자를 빼어 나머지를 분자에 곱하여 313을 위에 더하면 26244이다. 이것을 왼쪽에 놓아두자. 구의 분모를 고에 곱하여 제곱하면 104976이고 왼쪽에 놓아둔 것에 더하면 131220이다. 이것을 실로 하고 분모의 제곱 1296을 염으로 하는 평방을 풀면 $10\frac{1620}{27216}$자이고 각각을 324로 약분한다.
句通内自之二萬五九二一 子減母餘乘子三百一十三 幷上得二萬六二四四寄位 以句母通股 自之一十空萬四九七六 倂寄位得一十三萬一二二25)爲實 分母冪一千二百九十六爲廉 開之得十尺二萬七千二百一十六分尺之一千六百二十 各以三百二十四約之

☞ 역자 주: 이하 8개의 문제는 구, 고, 현에 대한 동일한 조건을 다루는 문제이다. 구 $4\frac{1}{2}$과 $4\frac{17}{36}$, 고 $6\frac{1}{3}$과 $6\frac{37}{117}$, 현 $7\frac{409}{540}$에 대해 구(2가지)와 고(2가지)로부터 현을 구하는 4문제, 구(2가지)와 현(1가지)으로부터 고를 구하는 2문

25) 이것은 틀렸다. 一十三萬一二二空으로 바로 잡아야 한다.

제, 고(2가지)와 현(1가지)으로부터 구를 구하는 2문제가 있어 총 8문제이다.

〔1-6-15〕 지금 직사각형의 밭이 있다. 구는 $4\frac{1}{2}$자이고 고는 $6\frac{1}{3}$자이다. 현은 얼마인가? 〔넓이는 $28\frac{1}{2}$자이다. 넓이의 2배와 또 교멱 $3\frac{13}{36}$자를 안다. 제곱근을 구하면 $1\frac{5}{6}$자이다.〕

今有直田句四尺二分尺之一 股六尺三分之一 問弦幾何 〔積二十八尺二分尺之一◯二積外又有較冪三尺三十六分尺之一十三 開方得一尺六分尺之五 〕

답: $7\frac{409}{540}$자

答曰七尺五百四十分尺之四百空九

구를 가분수로 고쳐 분자에 3을 곱하고 제곱하면 729이고, 고를 가분수로 고쳐 분자에 2를 곱하여 제곱하면 1444이다. 이 두 수를 합하여 실로 하고〔2173〕 구와 고의 분모의 제곱을 서로 곱하여 36을 염으로 하는 평방을 푼다.

句通内三之自之七百二十九 股通内二之自之一千四百四十四 併爲實 〔二千一百七十三〕 句股母冪相乘三十六爲廉開之

☞ 역자 주: 넓이는 $4\frac{1}{2}\times 6\frac{1}{3}=\frac{9}{2}\times\frac{19}{3}=\frac{57}{2}=28\frac{1}{2}$이다.

교멱은 $\left(6\frac{1}{3}-4\frac{1}{2}\right)^2=\left(\frac{11}{6}\right)^2=\frac{121}{36}=3\frac{13}{36}$이고, 그 제곱근은 $\frac{11}{6}$, 즉 $1\frac{5}{6}$이다.

〔1-6-16〕 지금 직사각형의 밭이 있다. 구와 현은 앞의 문제와 같다. 고는 얼마인가?

今有直田句弦上同 問股幾何

답: $6\frac{1}{3}$자, $6\frac{37}{117}$자

答曰六尺三分尺之一 六尺一百一十七分尺之三十七

현을 가분수로 고쳐 분자에 2를 곱하고 제곱하면 70190884이다. 분모와 분자에 2를 곱하여 분모에서 분자를 빼어 나머지를 분자에 곱하여 위의 수에 더하면 70405200이다. 이것을 왼쪽에 놓아두자. 구를 가분수로 고쳐 분자에 540을 곱하고 제곱하면 23619600이다. 이것을 왼쪽에 놓아둔 수에서 빼면 나머지는 46785600이다. 이것을 실로 한다. 구와 현의 분모의 제곱을 서로 곱한 1166400을 염으로 하는 평방을 풀면 6자를 얻는다. 〔나머지 수는 분수로 표시하여 분모와 분자를 각각 1296으로 약분한다.〕

弦通分内二之自之 七千空一十九萬空八八四 二之分母子 子減母餘乘子併上得七千空四十空萬五二[26]寄位 句通内五百四十之自之 二千三百六十一萬九六[27] 去減寄位餘四千六百七十八萬五六[28]爲實 句弦母冪相乘一百一十六萬六四[29]爲廉 開之得六尺〔不盡分母子 各以一千二九六約之〕

별해: 염과 실을 약분하여 간략히 하면 $40\frac{1}{9}$자를 얻는다. 가분수로 고쳐 분자 361의 제곱근을 구하면 19이고 분모 9의 제곱근은 3이다. 따라서 나누어 떨어지지 않는 것을 분수로 나타내면 $6\frac{1}{3}$자이다.

又術以廉約實 不滿者約之 得四十尺九分尺之一 通内三百六十一 開方得一十九 又分母九開方得三 報除不滿者命之六尺三分尺之一

〔1-6-17〕 지금 직사각형의 밭이 있다. 고는 $6\frac{1}{3}$자이고 현은 앞의 문

26) 이것은 틀렸다. 七千空四十空萬五二空空으로 바로 잡아야 한다.
27) 이것은 틀렸다. 二千三百六十一萬九六空空으로 바로 잡아야 한다.
28) 이것은 틀렸다. 四千六百七十八萬五六空空으로 바로 잡아야 한다.
29) 이것은 틀렸다. 一百一十六萬六四空空으로 바로 잡아야 한다.

제와 같다. 구는 얼마인가?
今有直田股六尺三分尺之一 弦上同 問句幾何

답: 4자 5치, $4\frac{17}{36}$자
答曰四尺五寸 四尺三十六分尺之一十七

고를 가분수로 고쳐 분자를 현의 분모와 곱하여 제곱하면 105267600이다. 이것을 왼쪽에 놓아두자. 현을 가분수로 고쳐 분자에 3을 곱하고 제곱하면 157929489이다. 또 분모와 분자를 3배하여 분모에서 분자를 뺀 나머지를 분자에 곱하여 이것을 현의 제곱에 더하여 왼쪽에 놓아둔 수를 빼면 53144100이다. 이것을 실로 하고 고와 현의 분모의 제곱을 서로 곱한 2624400을 염으로 하는 평방을 풀면 4자 5치를 얻는다. 〔개방연산에서 분자·분모법에 의하여 분자는 11153700을 얻고 분모는 23619600을 얻어 각각을 656100으로 약분하면 된다.〕
股通内以弦母通之自之 一億空空[30]五百二十六萬七六[31]寄位 弦通内三之自之 一億五千七百九十二萬九四八九 又三之分母子 子減母餘乘子倂弦冪減寄位 餘五千三百一十四萬四一[32]爲實 股弦母冪相乘二百六十二萬四四[33]爲廉 開之得四尺五寸〔依開方子母法 子得一千一百一十五萬三七[34] 母得二千三百六十一萬九六[35] 各以六十五萬六千一百約之得〕

〔1-6-18〕 지금 직사각형의 밭이 있다. 구는 $4\frac{1}{2}$자이고, 고는 $6\frac{37}{117}$자이다. 현은 얼마인가?
今有直田句四尺二分尺之一 股六尺一百一十七分尺之三十七 問弦幾何

답: 앞의 문제와 같다.

30) 여기서 空 하나는 없애야 한다.
31) 끝에 空空을 붙여야 한다.
32) 끝에 空空을 붙여야 한다.
33) 끝에 空空을 붙여야 한다.
34) 끝에 空空을 붙여야 한다.
35) 끝에 空空을 붙여야 한다.

答曰同上

구를 가분수로 고쳐 분자를 고의 분모와 곱한 1053을 제곱하면 1108809이다. 고를 가분수로 고쳐 분자를 구의 분모와 곱한 1478을 제곱하면 2184484이다. 분자를 2배하여 분모를 2배한 것에서 뺀 나머지를 분자를 2배한 것에 곱하면 11840이고 이것을 위에 더한 다음 앞의 구의 제곱에 더하면 3305133을 얻어 이것을 실로 한다. 구와 고의 분모의 제곱을 서로 곱한 54756을 염으로 하는 평방을 풀고 나머지 부분은 분모, 분자로 나타내어 각각 1521로 약분하면 답이다.
句通内以股母通之一千空五十三自之一百一十空萬八八空九 股通内以句母因之一千四百七十八自之二百一十八萬四四八四 二之分子減二之分母 餘乘二之分子一萬一八四[36] 併上加入句冪 得三百三十空萬五一三三爲實 句股母冪相乘五萬四七五六爲廉 開之不盡分母子 各以一千五百二十一約之

〔1-6-19〕 지금 직사각형의 밭이 있다. 구는 $4\frac{17}{36}$자이고, 고는 $6\frac{1}{3}$자이다. 현은 얼마인가?
今有直田句四尺三十六分尺之一十七 股六尺三分尺之一 問弦幾何

답: 앞의 문제와 같다.
答曰同上

구를 가분수로 고쳐 분자를 3배하고 다시 제곱하면 233289이다. 또 분모와 분자를 3배하여 분모에서 분자를 뺀 나머지를 분자에 곱한 것은 2907이고 이것을 앞의 수에 더하여 옆에 놓아두자. 고를 가분수로 고쳐 분자에 36을 곱하고 이것을 제곱하면 467856이다. 옆에 놓아둔 수에 더하면 704052가 되어 이것을 실로 한다. 구와 고의 분모를 제곱한 것을 서로 곱하면 11664가 되어 이것을 염으로 하는 평방을 풀면 현이다. 이때 연산이 나머지가 있으면 분수로 나타내어 각각 324로 약분하면 답이다.

---

36) 끝에 空이 있어야 한다.

句通内三之自之二十三萬三二八九 又三之分母子 子減母餘乘子 得二千九百空七 併上寄位 股通内三十六之 自之四十六萬七八五六 併寄位得七十空萬四空五二爲實 以句弦[37]母冪相乘一萬一六六四爲廉 開之不盡分母子 各以三百二十四約之

별해: 먼저 324로 약분하면 실은 2173이 되고 염은 36이 되어 평방을 풀면 더욱 빠른 방법이다. 다른 문제도 이와 같다.
又術先以三百二十四約之 實二千一百七十三 廉三十六 平方開之尤捷 他倣此

〔1-6-20〕 지금 직사각형의 밭이 있다. 구는 $4\frac{17}{36}$자이고, 고는 $6\frac{37}{117}$자이다. 현은 얼마인가?
今有直田句四尺三十六分尺之一十七 股六尺一百一十七分尺之三十七 問弦幾何

답: 앞의 문제와 같다.
答曰同上

구를 가분수로 고쳐 분자에 고의 분모를 곱하고 다시 제곱하면 354832569이다. 또 분모와 분자에 각각 고의 분모를 곱하면 분모는 4212이고 분자는 1989이다. 분모에서 분자를 뺀 나머지를 분자에 곱하여 얻은 4421547을 앞의 수에 더하면 359254116이다. 이것을 왼쪽에 놓아두자. 고를 가분수로 고쳐 분자에 구의 분모를 곱한다. 얻은 수 26604를 제곱하면 707772816이다. 분모와 분자에 각각 구의 분모를 곱하면 분모는 4212이고 분자는 1332이다. 분모에서 분자를 뺀 나머지를 분자에 곱하면 3836160이고 이것을 앞의 수에 더하면 711608976이다. 앞에 놓아둔 수에 이 수를 더하여 얻은 1070863092를 실로 하고 구와 고의 분모를 각각 제곱하여 서로 곱한 수 17740944를 염으로 하는 평방을 풀면 현이다. 이때 나머지가

37) 여기의 弦은 잘못되었다. 股로 바로 잡아야 한다.

있으면 분수로 나타내어 분모와 분자를 각각 492804로 약분하면 답이다.
句通內以股母通之 又自之三億五千四百八十三萬二五六九 又分母子各以股母通之 母四千二百一十二 子一千九百八十九 子減母餘乘子四百四十二萬一五四七 併上得三億五千九百二十五萬四一一六寄位 股通內以句母通之二萬六六空四 又自之七億空空[38]七百七十七萬二八一六 又母子各以句母通之 母四千二百一十二 子一千三百三十二 子減母餘乘子三百八十三萬六一六[39] 併上得七億一千一百六十空萬八九七六 併寄位得一十空億七千空空[40]八十六萬三空九二爲實 句股母冪相乘得一千七百七十四萬空九四四爲廉 開不盡分母子各以四十九萬二千八百空四約之

〔1-6-21〕 지금 직사각형의 밭이 있다. 구는 $4\frac{17}{36}$자이고, 현은 앞의 문제와 같다. 고는 얼마인가?
今有直田句四尺三十六分尺之一十七 弦上同 問股幾何

답: $6\frac{37}{117}$자
答曰六尺一百一十七分尺之三十七

구를 가분수로 고쳐 분자에 현의 분모를 곱한 다음 제곱하면 7558563600이다. 또 분모와 분자를 각각 현의 분모 배하면 분모는 19440이고 분자는 9180이다. 분모에서 분자를 뺀 나머지를 분자에 곱하면 94186800이고 이것을 앞의 수에 더하면 7652750400이다. 이 수를 왼쪽에 놓아두자. 현을 가분수로 고쳐 분자에 구의 분모를 곱하여 다시 제곱하면 22741846416이다. 또 분모와 분자를 각각 구의 분모 배하면 분모는 19440이고 분자는 14724이다. 분모에서 분자를 뺀 다음 나머지를 분자에 곱하여 얻은 수 69438384를 앞의 수에 더하면 22811284800이다. 이것에서 왼쪽에 놓아둔 수를 빼면

38) 空이 하나 없어야 한다.
39) 이것은 틀렸다. 끝에 空이 있어야 한다.
40) 空이 하나 없어야 한다.

15158534400이다. 이것을 실로 하자. 구의 분모와 현의 분모를 각각 제곱하여 서로 곱하면 377913600이고 이것을 염으로 하는 평방을 풀면 고는 $6\frac{1553644800}{4912876800}$자이다. 각각을 41990400으로 약분하면 답을 얻는다.

句通内以弦母通之 又自之七十五億五千八百五十六萬三六[41] 又分母子各以弦母通之 母一萬九四四[42] 子九千一百八十 子減母餘乘子得九千四百一十八萬六八[43] 併上得七十六億五千二百七十五萬空四[44]寄位 弦通内以句母通之 又自之二百二十七億四千一百八十四萬六四一六 又分母子各以句母通之 母一萬九四四[45] 子一萬四七二四 子減母餘乘子得六千九百四十三萬八三八四 併上得二百二十八億一千一百二十八萬四八[46] 減去寄位得一百五十一億五千八百五十三萬四四[47]爲實 句母弦母二冪相乘得三億七千七百九十一萬三六[48]爲廉 開之得股六尺四十九億一千二百八十七萬六千八百分尺之一十五億五千三百六十四萬四八[49] 各以四千一百九十九萬空四百約之

〔1-6-22〕 지금 직사각형의 밭이 있다. 고는 $6\frac{37}{117}$자이고, 현은 앞의 문제와 같다. 구는 얼마인가?

今有直田股六尺一百一十七分尺之三十七 弦上同 問句幾何

답: $4\frac{17}{36}$자 또는 4자 5치

答曰四尺三十六分尺之一十七 又四尺五寸

고를 가분수로 고쳐 분자에 현의 분모를 곱하고 제곱하면

41) 이것은 틀렸다. 끝에 空空이 있어야 한다.
42) 이것은 틀렸다. 끝에 空이 있어야 한다.
43) 이것은 틀렸다. 끝에 空空이 있어야 한다.
44) 이것은 틀렸다. 끝에 空空이 있어야 한다.
45) 이것은 틀렸다. 끝에 空이 있어야 한다.
46) 이것은 틀렸다. 끝에 空空이 있어야 한다.
47) 이것은 틀렸다. 끝에 空空이 있어야 한다.
48) 이것은 틀렸다. 끝에 空空이 있어야 한다.
49) 이것은 틀렸다. 끝에 空空이 있어야 한다.

159248883600이다. 다시 분모와 분자를 각각 현의 분모 배하면 분모는 63180이고 분자는 19980이다. 분모에서 분자를 뺀 나머지를 분자에 곱하여 얻은 수 863136000을 앞의 수에 더하면 160112019600을 얻어 왼쪽에 놓아두자. 현을 가분수로 고쳐 분자에 고의 분모를 곱하여 제곱하면 240210752769이다. 다시 분모와 분자에 각각 고의 분모를 곱하면 분모는 63180이고 분자는 47853이다. 분모에서 분자를 뺀 나머지를 분자에 곱하여 얻은 수 733442931을 앞의 수에 더하면 240944695700이고 여기에서 왼쪽에 놓아둔 수를 빼면 80832176100이다. 이것을 실로 하자. 고와 현의 분모를 각각 제곱하여 서로 곱하면 3991912400이고 이것을 염으로 하는 평방을 풀면 4자 5치를 얻는다.
股通内以弦母通之 又自之一千五百九十二億四千八百八十八萬三六[50] 又分母子各以弦母通之 母六萬三一八[51] 子一萬九九八[52] 子減母餘乘子得八億六千三百一十三萬六千 併上得一千六百空一億一千二百空一萬九千六百寄位 弦通内以股母通之 又自之二千四百空二億一千空七十五萬二七六九 又分母子各以股母通之 母六萬三一八[53] 子四萬七八五三 子減母餘乘子得七億三千三百四十四萬二千九百三十一 併上得二千四百空九億四千四百六十九萬五七[54] 減去寄位八百空八億三千二百一十七萬六一[55]爲實 股弦母冪相乘三十九億九千一百七十一萬二四[56]爲廉 開之得四尺五寸

또 4자를 얻은 후, 나머지 부분을 분모·분자법을 써서 분수로 나타내면 분모는 35925411600이고 분자는 16964777700이다. 각각을 997928100으로 약분하면 답이다.
又如得四尺後 用不盡母子法 母三百五十九億二千五百四十一萬一六[57] 子一百六十九億六千四百七十七萬七七[58] 各以九億九千七百九十二萬八一[59]

50) 끝에 空空이 있어야 한다.
51) 끝에 空이 있어야 한다.
52) 끝에 空이 있어야 한다.
53) 끝에 空이 있어야 한다.
54) 끝에 空空이 있어야 한다.
55) 끝에 空空이 있어야 한다.
56) 끝에 空空이 있어야 한다.
57) 끝에 空空이 있어야 한다.
58) 끝에 空空이 있어야 한다.

約之

〔1-6-23〕 지금 직사각형의 밭이 있다. 구는 9자이고, 고는 12자이다. 현은 얼마인가?
今有直田 句九尺 股十二尺 問弦幾何

답: 15자
答曰十五尺

여기에 나오는 구3, 고4, 현5는 규격에 맞는 전형적인 밭이다. 방5사7의 법칙도 역시 통용된다. 〔〈주례〉의 동관정씨 주에 말하였다. 2자를 구로 하고 3자를 현으로 하였다. 이때 고를 구하자. 고는 12로 길이 3자 몇 반을 나눈 것이다. 구는 역시 구(鉤)라고도 한다. 평성이다. 구부러진 것이다.〕
右一段句三股四弦五相準之田 方五斜七亦通用 〔周禮冬官鄭氏註曰 二尺爲句 三尺爲弦 求其股 股十二 除之面三尺幾半也 句亦作鉤正作句 平聲曲也〕

〔1-6-23-1〕 구고술(句股術)
〔구를 제곱하면 81이고 고를 제곱하면 144이다. 서로 합하여 제곱근을 구하면 답이다.〕〔句自之八十一 股自之一百四十四 倂之開得〕

구현화를 알 때: 구를 구하려면 3을 곱하고 8로 나눈다. 현을 구하려면 5를 곱하고 8로 나눈다.
고현화를 알 때: 고를 구하려면 4를 곱하고 9로 나눈다. 현을 구하려면 5를 곱하고 9로 나눈다.
현화화를 알 때: 구를 구하려면 3을 곱하고 12로 나눈다. 고를 구하려면 4를 곱하고 12로 나눈다. 현을 구하려면 5를 곱하고 12로 나눈다. 구고를 알려면 7을 곱하고 12로 나눈다. 구현을 알려면 8을 곱하고 12로 나눈다. 고현

59) 끝에 空空이 있어야 한다.

을 알려면 9를 곱하고 12로 나눈다. 현화화는 구, 고, 현을 합한 수이다. 구3, 고4, 현5이므로 3과 4의 합은 7이고, 3과 5의 합은 8이며, 4와 5의 합은 9이다. 나머지도 이와 같다.

句弦和〔求句三因八除 求弦五因八除〕股弦和〔求股四因九除 求弦五因九除〕 弦和和〔求句三因十二除 求股四因十二除 求弦五因十二除 求句股七因十二除 求句弦八因十二除 求股弦九因十二除○弦和和句股弦併數也 句三股四弦五 三四合七 三五合八 四五合九 餘倣此〕

☞ 역자 주: 구, 고, 현의 비가 3:4:5인 경우이므로 다음을 이용한 것이다.

구+화에서 구는 $\frac{3}{8}$, 현은 $\frac{5}{8}$

고+화에서 고는 $\frac{4}{9}$, 현은 $\frac{5}{9}$

구+고+현에서 구는 $\frac{3}{12}$, 고는 $\frac{4}{12}$, 현은 $\frac{5}{12}$

구+고는 $\frac{7}{12}$, 구+현은 $\frac{8}{12}$, 고+현은 $\frac{9}{12}$

〔1-6-23-2〕 방사법

〔구를 5배하면 45이고 고를 5배하면 60이다. 이것을 더하여 7로 나누면 대각선, 즉 현이다.〕

方斜法 〔五因句四十五 五因股六十併之 斜七而一得〕

☞ 역자 주: 정사각형의 방5사7은 한 변과 대각선의 비를 언급하는 것이다. 이에 비해 직사각형에서는 변의 비가 3:4:5인 구고에서, (구+고):현=7:5라는 것을 뜻한다. 따라서 세 변을 $3k$, $4k$, $5k$라 할 때 구와 고를 5배하여 더한 $35k$를 7로 나누어 현을 얻는다.

〔1-7〕 방면구현(方面求弦)60)

60) 정사각형의 한 변을 알고 현, 즉 대각선을 구하는 것이다.

〔정사각형의 한 변을 제곱하여 다시 2배하여 제곱근을 구하면 현을 얻는다.〕〔方面自之又倍之 開方求弦〕

정사각형에서 한 변은 구가 되고 고도 된다. 즉 정사각형의 한 변의 제곱의 두 배는 바로 구와 고의 제곱의 합이다. 따라서 정사각형의 한 변의 제곱의 2배의 제곱근을 구하면 현을 얻는다. 현의 제곱의 반의 제곱근을 구하면 한 변을 얻는다. 〔정사각형의 한 변의 제곱을 다시 2배하는 것은 즉 직사각형에서 구와 고의 제곱을 서로 합하는 것과 같은 뜻이다. 이 정사각형과 직사각형 두 가지의 현의 제곱근을 구하는 방법은 종이를 꺾어 두 그림을 볼 때 그 제곱한 수를 2배하는 것 또는 서로 합하는 것의 자연적인 미묘한 조화에 옛사람들의 수학을 다루는 솜씨가 이와 같이 조금도 틀림이 없다는 것을 깨달을 수 있고 지금 이 세상의 정통한 수학자들은 이러한 사실을 마땅히 알아야 한다.〕
方積以面爲句爲股 則二箇方冪卽句股冪併數 故倍之方冪而開方得弦 半之弦冪而開方得面〔方面自之又倍之者 卽直積句股冪相併之義 此方直二弦開方得之之法 只以摺紙作二圖看之 其倍冪併冪自然妙契 方悟古人立數命術不差毫厘如此世之精於算學者亦當自知之〕

〔1-7-1〕지금 정사각형의 한 변이 3자이다. 현은 얼마인가?〔넓이는 9자이다.〕
今有方面三尺 問弦幾何〔積九尺〕

답: $4\frac{2}{9}$ 자
答曰四尺九分尺之二

한 변을 제곱하고 다시 2배하여 18을 얻고 이것의 제곱근을 구하면 현이다.
方面自之又倍之得一十八 開方得弦

☞ 역자 주: 다음은 $\sqrt{18}$을 구하기 위해 $x^2-18=0$을 과정이다.
1　0　-18

```
   4     16   ( 4
1  4    -2
   4
1  8
```

따라서 구하는 제곱근은 $4\frac{2}{8+1}=4\frac{2}{9}$ 이다.

〔1-7-2〕 지금 정사각형의 밭이 있는데, 현이 $4\frac{2}{9}$ 자이다. 한 변은 얼마인가?
今有方田 弦四尺九分尺之二 問面幾何

답: 3자 〔위의 문제와 같다.〕
答曰三尺 〔同上〕

현을 가분수로 고쳐 분자를 제곱하면 1444이다. 왼쪽에 놓아두자. 분모에서 분자를 뺀 나머지 7을 분자에 곱하여 14를 얻어 위에 더하고 2로 나누면 729이다. 이것을 실로 하자. 분모를 제곱하여 81을 염으로 하는 평방을 풀면 한 변을 얻는다. 〔먼저 81로 실을 나누면 9를 얻고 이것은 정사각형의 넓이이다. 제곱근을 구하면 바로 한 변이 되어 더욱 빠른 방법이다.〕
弦通內自之一千四百四十四寄位 子減母餘七 乘子得一十四 倂上半之得七百二十九爲實 母自乘八十一爲廉 開之得面 〔先以八十一除實得九 卽方積數也 平方開之 尤捷〕

☞ 역자 주: 현을 역시 근사값으로 취급하여 [1-6-2]의 방법으로 환원하여, 현의 제곱을 $\frac{38^2+(9-2)\times 2}{9^2}$ 로 구한 것이다. 그러나 [1-6-2]의 역자 주에서 설명한대로 4^2+2로 쉽게 구할 수 있다.

〔1-7-3〕 지금 정사각형의 한 변이 $3\frac{1}{2}$자이다. 현은 얼마인가? 〔넓이는 $12\frac{1}{4}$자이다. $\frac{1}{2}$자는 5치이다.〕
今有方面三尺二分尺之一 問弦幾何 〔積一十二尺四分尺之一 二分尺之一卽五寸〕

답: $4\frac{17}{18}$자
答曰四尺一十八分尺之一十七

한 변을 가분수로 고쳐 분자를 제곱한 다음 2배하면 98이다. 이것을 실로 한다. 분모를 제곱하여 4를 염으로 하는 평방을 풀면 현을 얻는다. 〔한 변 3자 5치를 제곱하면 12자 2치 5푼이다. 2배하면 24자 5치이다. 제곱근을 구하면 4자 9치 4푼이고 나머지가 9푼 6리 4호이다.〕
面通內自之倍之得九十八爲實 母自乘四爲廉 開方得弦 〔方面三尺五寸自之一十二尺二寸五分 倍之得二十四尺五寸 開方得四尺九寸四分 不盡九分六厘四毫〕

☞ 역자 주: [1-7-1]과 마찬가지이다. 현을 x라 하면 $x^2=2\times\left(3\frac{1}{2}\right)^2$, 즉 $4x^2=98$이므로 조립제법을 써서 풀면 다음과 같다.

$$
\begin{array}{rrrl}
4 & 0 & -98 & \\
\hline
 & 16 & 64 & (\ 4 \\
4 & 16 & -34 & \\
\hline
 & 16 & & \\
4 & 32 & &
\end{array}
$$

따라서 $4\frac{34}{32+4}=4\frac{34}{36}=4\frac{17}{18}$를 얻는다.

〔1-7-4〕 지금 정사각형의 밭이 있는데, 현이 $4\frac{17}{18}$자이다. 한 변은 얼

마인가?
今有方田 弦四尺一十八分尺之一十七 問面幾何

답: 3자 5치 〔즉 $\frac{1}{2}$자. 위와 같다.〕

$3\frac{13}{28}$자

答曰三尺五寸〔卽二分尺之一 同上〕 三尺二十八分尺之一十三

현을 가분수로 고쳐 분자를 제곱하면 7921이다. 왼쪽에 놓아두자. 분모에서 분자를 뺀 나머지를 분자에 곱하여 합하면 7938이다. 2로 나누어 실로 한다. 분모의 제곱 324를 염으로 하는 평방을 풀면 3자 5치를 얻는다. 〔분자·분모법을 써서 분모와 분자를 각각 81로 약분하면 더욱 빠른 방법이다.〕
弦通内自之七千九百二十一寄位 子减毋餘乘子併之七千九百三十八 半之爲實 毋冪三百二十四爲廉 開之得三尺五寸〔用子毋法 各以八十一約之〕

☞ 역자 주: [1-6-11]과 같이 현을 근사값으로 취급하고, 두 개의 값을 얻는다. [1-7-2]와 같이 환원하는 과정에서 얻은 이차방정식 $324x^2-3969=0$을 푼 것인데, 두 개의 답 중 전자는 개방술을 써서 소수점 이하를 계산(두 단계의 조립제법)한 것이고, 후자는 정수 부분 이하를 분수로 나타낸 것(조립제법의 첫 단계만을 이용)이다. 즉 다음과 같다.

324	0	−3969	
	972	2916	(3
324	972	−1053	
	972		
324	1944		

324	1944	−1053	
	162	1053	(0.5
324	2106	0	

따라서 답을 초상과 차상으로 합하여 3.5, 또는 $3\frac{1053}{1944+324}=3\frac{1053}{2268}=3\frac{13}{28}$으로 구한다.

〔1-7-5〕 지금 정사각형의 한 변이 $3\frac{13}{28}$자이다. 현은 얼마인가?

今有方面三尺二十八分尺之一十三 問弦幾何

답: $4\frac{17}{18}$자〔위와 같다.〕

答曰四尺一十八分尺之一十七〔同上〕

한 변을 가분수로 고쳐 분자를 제곱하면 9409이다. 왼쪽에 놓아두자. 분모에서 분자를 뺀 나머지를 분자에 곱하면 195이다. 이것을 더하고 2배하면 19208이다. 이것을 실로 하자. 분모를 제곱하여 784를 염으로 하는 평방을 풀면 현을 얻는다.〔분모와 분자를 각각 392로 약분하면 더욱 빠르다.〕
面通內自之九千四百空九寄位 子減母餘乘子一百九十五 併之倍之一萬九二空八爲實 母冪七百八十四爲廉 開方得弦〔母子各以三百九十二約之〕

〔1-7-6〕지금 정사각형의 밭이 있는데, 현이 $3\frac{1}{2}$자이다. 한 변은 얼마인가?
今有方田 弦三尺二分尺之一 問面幾何

답: $2\frac{17}{40}$자

答曰二尺四十分尺之一十七

현을 가분수로 고쳐 분자를 제곱하고 2로 나누면 24.5이다.61) 이것을 실로 한다. 분모의 제곱 4를 염으로 하는 평방을 풀면 현이다.〔분모와 분자를 각각 5로 약분한다.〕
弦通內自之半之得二十四五爲實 分母冪四爲廉 開方得弦〔分母子各以五約之〕

61) 본문에는 二十四五로 표현되어 있다.

☞ 역자 주: [1-7-4]의 현의 길이 $4\frac{17}{18}$이나 [1-7-5]의 변의 길이 $3\frac{13}{28}$는 근사값으로, [1-7-6]의 현의 길이 $3\frac{1}{2}$은 참값으로 계산한 것이다. 경우에 따라 달리 취급하고 있으며 근사값의 경우 [1-6-2]의 방법을 일관되게 사용하고 있다.

〔1-7-7〕 지금 한 변이 $2\frac{17}{40}$자인 정사각형이 있다. 현은 얼마인가?
今有方面二尺四十分尺之一十七 問弦幾何

답: 3자 5치〔즉 $\frac{1}{2}$자. 위와 같다.〕

$3\frac{13}{28}$자
答曰三尺五寸〔卽二分尺之一同上〕三尺二十八分尺之一十三

한 변을 가분수로 고쳐 분자를 제곱하면 9409이고 분모에서 분자를 뺀 나머지를 분자에 곱하여 391을 얻고 더하면 9800을 얻는다. 이것을 2배하면 19600이 되어 실로 한다. 분모를 제곱한 1600을 염으로 하는 평방을 풀면 3자 5치이다.〔분자·분모법을 써서 각각 400으로 약분하면 더욱 빠르다.〕
面通內自之九千四百空九 子減母餘乘子得三百九十一 併得九千八百 倍得一萬九千六百爲實 母羃一千六百爲廉 開之得三尺五寸〔子母法各以四百約之〕

〔1-7-8〕 지금 정사각형의 밭이 있는데, 현이 $3\frac{13}{28}$자이다. 한 변은 얼마인가?
今有方田 弦三尺二十八分尺之一十三 問面幾何

☞ 역자 주: 답의 부분이 빠져있다. 답은 앞의 문제와 같다.

현을 가분수로 고쳐 분자를 제곱하면 9409이다. 분모에서 분자를 뺀 나머지를 분자에 곱하여 더하고 2로 나누면 4802이다. 이것을 실로 한다. 분모를 제곱한 784를 염으로 하는 평방을 푼다. 〔나머지 부분은 분모, 분자를 각각 98로 약분한다.〕
弦通內自之九千四百空九 子減母餘乘子併之半之四千八百空二爲實 分母冪七百八十四爲廉 開之〔不盡分母子各以九十八約之〕

〔1-8〕 원경구방면(圓徑求方面)
〔지름을 제곱하고 2로 나누어 제곱근을 구하면 한 변을 얻는다. 이 방법은 본래 〈양휘산법〉에 나와있다.〕〔徑自之半之開得方面○本出楊輝算法〕

정사각형의 대각선과 원의 지름이 같으면 원의 지름은 바로 정사각형의 대각선이 되고 따라서 위의 방법으로 한 변을 구한다. 〔구현화와 고현화를 서로 곱하여 2배한 다음 제곱근을 구하면 현화화이다. 구고를 서로 곱하여 2배하고 이것을 현화화로 나누면 직각삼각형의 내접원의 지름이다. 구와 고의 차에 구와 고의 합을 곱한 수에 구의 제곱을 더하면 고의 제곱이고 여기에 다시 구의 제곱을 곱하면 넓이의 제곱이다. 바로 이런 것이 구고술이다. 교라는 것은 장과 평의 차이고 화라는 것은 장과 평의 합이다.62) 구현교에 구현화를 곱하여 제곱근을 구하면 고이다. 고현교에 고현화를 곱하여 제곱근을 구하면 구이다.〕
方弦圓徑適等 則圓之徑卽方之弦也 故依上法求面 〔句弦和與股弦和相乘倍之 開平方得弦和和○句股相乘倍之以弦和和除之 得句股中容圓徑○較乘和得數加入平冪爲長冪 又以平冪乘之爲積冪 開平方卽得直積 卽句股術○較者長平較也 和者長平和也○句弦較乘句弦和 開平方得股○股弦較乘股弦和 開平方得句〕

☞ 역자 주: 원이 정사각형에 외접할 때, 정사각형의 대각선이 되는 원의 지름을 알고 정사각형의 한 변을 구하는 것이므로, [1-7] 방면구현의 역 과정이다.

62) 상대적 길이에 근거하여, 장은 고, 평은 구를 말한다.

〔1-8-1〕 지금 원의 지름이 3자이다. 정사각형의 한 변은 얼마인가?
今有圓徑三尺 問爲方面幾何

답: $2\frac{1}{10}$ 자
答曰二尺十分尺之一

지름63)을 제곱하고 이것을 2로 나누면 4자 5치이다. 이 값을 실로 하고 제곱근을 구하면 한 변이 2자이고 나머지 부분을 분수로 나타내며, 분모와 분자를 5로 약분한다.
徑自之又半之得四尺五寸爲實 開方得面二尺不盡 分母子各以五約之

☞ 역자 주: 정사각형의 대각선이 3이므로 한 변은 $\frac{3^2}{2}$의 제곱근이다. 따라서 $x^2-4.5=0$을 푼 것이다.

$$
\begin{array}{rrrl}
1 & 0 & -4.5 & \\
 & 2 & 4 & (\ 2 \\
\hline
1 & 2 & -0.5 & \\
 & 2 & & \\
\hline
1 & 4 & &
\end{array}
$$

따라서 구하는 근사값은 $2\frac{0.5}{4+1}=2\frac{1}{10}$ 이다.

〔1-8-2〕 지금 정사각형의 한 변이 $2\frac{1}{10}$자이다. 현은 얼마인가?
今有面二尺十分尺之一 問弦幾何

답: 3자〔위의 문제와 같다.〕
答曰三尺 〔同上〕

한 변을 가분수로 고쳐 분자를 제곱하면 441이다. 분모에서 분자를 뺀

63) 외접원의 지름으로 곧 대각선이다.

나머지를 분자에 곱한 9를 여기에 더하고 2배하면 900이다. 이 수를 실로 하고 분모의 제곱 100을 염으로 하는 평방을 풀면 현이다.
面通内自之四百四十一 子減母餘乘子九 併上倍之九百爲實 母冪一百爲廉開之

☞ 역자 주: [1-8-2]와 관련하여 주어진 한 변 $2\frac{1}{10}=\frac{21}{10}$을 근사값으로 간주하여 푼다. [1-6-2]의 환원 방법에 의해 한 변의 제곱은 $\frac{21^2+(10-1)\times 1}{100}$이므로 현은 $\sqrt{\frac{(441+9)\times 2}{100}}$이다.

[1-8-3] 지금 원의 지름이 $3\frac{2}{3}$자이다. 한 변은 얼마인가?
今有圓徑三尺三分尺之二 問爲方面幾何

답: $2\frac{49}{90}$자
答曰二尺九十分尺之四十九

원의 지름을 가분수로 고쳐 분자를 제곱하고 2로 나누면 60.5이다. 이것을 실로 하고 분모의 제곱 9를 염으로 하는 평방을 풀면 한 변을 얻는다.
徑通内自之半之六十空五爲實 母冪九爲廉 開之得

☞ 역자 주: [1-8-1]과 마찬가지로 생각하여 $9x^2-60.5=0$를 푼 것이다.

9	0	−60.5	
	18	36	(2
9	18	−24.5	
	18		
9	36		

따라서 구하는 근사값은 $2\frac{24.5}{36+9}=2\frac{49}{90}$이다.

〔1-8-4〕 지금 정사각형의 한 변이 $2\frac{49}{90}$자이다. 현은 얼마인가?
今有面二尺九十分尺之四十九 問弦幾何

답: $3\frac{2}{3}$자〔위와 같다.〕

$3\frac{40}{63}$자
答曰三尺三分尺之二〔同上〕
三尺六十三分尺之四十

한 변을 가분수로 고쳐 분자를 제곱하면 52441이다. 분자를 분모에서 뺀 나머지를 분자에 곱하여 얻은 수를 위에 더하여 2배하면 108900이다. 이것을 실로 하자. 분모의 제곱인 8100을 염으로 하는 평방을 푼다.〔나머지 부분을 분수로 표시하여 분모와 분자를 각각 900으로 약분한다.〕
面通內自之五萬二四四一 子減母餘乘子倂上倍之一十空萬八九64)爲實 母冪八千一百爲廉開之〔不盡分母子各以九百約之〕

이번 문제에서 답인 $3\frac{2}{3}$자를 구할 때 염으로 실을 나누면 $13\frac{4}{9}$자이다. 가분수로 고쳐 분자 121의 제곱근은 11이다. 또 분모의 제곱근은 3이므로 결국 답을 얻는다.〔일반적으로 본 문제와 같이 분모와 분자의 제곱근을 구할 수 있으면 반드시 이 방법을 사용한다. 그러나 분모가 2분, 4분, 8분 등이면 이 방법을 사용하지 않아도 답을 구할 수 있다. 만약 3분, 6분, 9분 등으로 되어 있으면 이 방법이 아니면 답을 구할 수 없다. 혹시 염을 실에 곱하여 제곱근을 구하고 염으로 약분하면 되지만, 그러나 계산이 번거로워 앞에서 빨리 한 계산보다 못하다.〕
如求本色三尺三分尺之二 則以廉除實得一十三尺九分尺之四 通內得一百二

64) 끝에 空空이 있어야 한다.

十一 開方得一十一 又分母開方得三 報除得〔凡有本色母子開方母子者必用此法 然本色分母二分四分八分等 不用此法亦可求之 若三分六分七分九分等則非此法不可求矣 或以廉乘實數平方開之得數以廉約之亦可 然算繁不若前之捷〕

☞ 역자 주: 주어진 한 변을 근사값으로 생각하여 [1-8-2]에서와 같은 방법으로 구한 것이다.

〔1-9〕 방오사칠술(方五斜七術)

한 변을 알고 대각선을 구할 때〔7을 곱하고 5로 나눈다.〕

대각선을 알고 한 변을 구할 때〔5를 곱하고 7로 나눈다. 한 변을 알고 대각선을 구할 때 7을 한 변에 곱하면 대각선의 5배이다. 대각선을 알고 한 변을 구할 때 5를 대각선에 곱하면 한 변의 7배이다. 한 변의 7배는 대각선의 5배와 같고 대각선의 5배는 한 변의 7배와 같다.〕

面求弦〔七乘五除〕 弦求面〔五乘七除○方面求弦 以七乘方則爲五段斜弦 斜弦求面 以五乘斜則爲七段方面 七箇方與五箇斜等 五箇斜與七箇方等〕

〔1-9-1〕 지금 정사각형의 한 변이 3자이다. 현〔즉, 대각선〕은 얼마인가?

今有方面三尺 問弦〔卽斜也〕幾何

답: $4\frac{1}{5}$자〔이 문제를 개방술로 풀면 $4\frac{2}{9}$자이다. 두 답을 비교하면 방5사7법에 의한 답이 개방술의 답보다 $\frac{1}{45}$만큼 작다.〕

答曰四尺五分尺之一 〔此爲開方四尺九分尺之二 課分則方斜不及開方四十五分尺之一〕

☞ 역자 주: [1-7-1]에서 개방술로 구한 근사값은 $4\frac{2}{9}$였고, 방오사칠에 의한

근사값은 $3\times\frac{7}{5}=\frac{21}{5}=4\frac{1}{5}$ 이므로 차이가 있음을 지적한 것이다.

〔1-9-2〕 지금 정사각형의 대각선이 $4\frac{1}{5}$ 자이다. 한 변은 얼마인가?
今有方斜弦四尺五分尺之一 問面幾何

답: 3자
答曰三尺

현을 가분수로 고쳐 분자를 7로 나누면 한 변이다. 〔〈수리정온〉에는 다음과 같은 일정한 비율이 나와있다. 정사각형의 한 변이 5자이면 대각선은 7자0710678118이고 대각선이 7자이면 한 변은 4자9497474683이고 한 변이 1자이면 대각선은 1자4142135623이고 대각선이 1자이면 한 변은 0자7071067811이다.〕
弦通内七而一 〔數理精蘊定率 方五尺則斜七尺空七一空六七八一一八 斜七尺則方四尺九四九七四七四六八三 方一尺則斜一尺四一四二一三五六二三 斜一尺則方空尺七空七一空六七八一一〕

☞ 역자 주: <수리정온>에서는 $\sqrt{2}$의 근사값을 1.4142135623으로 다루었음을 알 수 있다. 10^{-10}자리까지 정확하게 계산한 것이다.

〔1-9-3〕 지금 정사각형에서 대각선이 3자이다. 한 변은 얼마인가?
今有弦三尺 問面幾何

답: $2\frac{1}{7}$ 자이다. 〔이 문제를 개방술로 풀면 답이 $2\frac{1}{10}$ 자이다. 두 분수를 비교하면 방5사7술로 푼 답이 개방술로 푼 답보다 $\frac{3}{70}$ 자 크다.〕
答曰二尺七分尺之一 〔此爲開方二尺十分尺之一 課分則方斜過於開方七十分尺之三〕

〔1-9-4〕 지금 정사각형의 대각선[65]이 $2\frac{1}{7}$자이다. 대각선은 얼마인가?
今有方斜面[66]二尺七分尺之一 問弦幾何

답: 3자
答曰三尺

한 변을 가분수로 고쳐 분자를 5로 나누면 대각선이다.
面通内五而一

방5사7의 방법으로 얻은 답과 개방술로 얻은 답 사이의 다소의 차이는 자 또는 치일 경우에는 심히 미미하지만, 한 변을 알고 대각선을 구할 때 70자에 이르면 방5사7의 방법으로 얻은 답이 개방술로 얻은 답보다 1자 정도 작다. 대각선을 알고 한 변을 구할 때 70자에 이르면 방5사7의 방법으로 얻은 답이 개방술로 얻은 답보다 반 자 정도 크다. 따라서 방5사7의 방법은 자 또는 치의 작은 값일 때는 간신히 사용할 수 있으나 100보가 넘는 경우에는 사용해서는 안 된다. 〔'따라서' 이하는 〈양휘산법〉에 나와 있다.〕
方斜之於開方多少之差在尺寸則甚微而 面求弦至七十尺 則方斜之不及開方者幾滿一尺 弦求面至七十尺 則方斜之過開方亦已過半尺矣 故曰方五斜七僅可施於尺寸之間 不可用於百步之外 〔故曰以下出楊輝算法〕

☞ 역자 주: 정사각형의 한 변과 대각선을 서로 구할 때 개방술로 구한 것과 방오사칠의 방법으로 구한 것의 차이를 설명한다. 먼저, 한 변이 50일 때 대각선을 개방술로 구하여 보자. $x^2=2\times50^2$, 즉 $x^2-5000=0$을 푸는 것이다.

1	0	−5000	
	70	4900	(70
1	70	−100	

65) 문제가 틀렸다. 조건의 정사각형의 '대각선'을 '한 변'으로 바로 잡아야 한다.
66) 方斜面을 方面으로 바로 잡아야 한다.

	70
1	140

따라서 구하는 현은 $70\frac{100}{141}$이고, 방오사칠에 의한 70과 비교하여 후자가 전자보다 1자 정도 작다고 한 것이다.

한편, 대각선이 70일 때 한 변을 개방술로 구하여 보자. $x^2=\frac{70^2}{2}$, 즉 $x^2-2450=0$을 푸는 것이다.

1	0	−2450	
	40	1600	(40
1	40	−850	
	40		
1	80		

1	80	−850	
	9	801	(9
1	89	49	
	9		
1	98		

따라서 구하는 한 변은 $49\frac{49}{99}$이고, 방오사칠에 의한 50과 비교하여 후자가 전자보다 $\frac{1}{2}$자 정도 크다고 한 것이다.

〔1-10〕 양휘교정변고통원개방부진지법(楊輝校正辯古通源開方不盡之法)

〔1-10-1〕 정사각형의 넓이가 1300자이다. 한 변은 얼마인가?
積一千三百尺 問平方一面幾尺

답: $36\frac{4}{73}$자
答曰三十六尺七十三分尺之四

개방술을 다음과 같이 말한다. 넓이〔1300〕를 실로 놓자. 별도로 아래에 법으로 산대 하나를 놓고 한 자리를 뛰어넘는다. 실의〔100아래 10을 정하고〕 위의 상으로서 한 변〔30〕를 가정하고 아래에 놓은 법과 곱하여 방법〔30〕으로 한다. 위에 있는 상과 곱하여〔900〕을 실에서 빼어 나머지 실[400]을 놓아둔다. 방법을 2배하여 한 자리 물린다. 이것을 염으로 한다. [60이다.] 아래에 있는 법은 두 자리 물린다. [1의 자리에 온다.] 다시 상으로 두 번째 길이[6자]를 우라고 만든 아래에 있는 법에 곱한다. [6자이다.] 염과 우의 두 법[66자]을 위의 상[6자]에 곱하여 실에서 빼면 [396자를 뺀다.] 나머지 실은 4자이다. 즉 개방술로 하여 남는 수이다. 우법을 2배하여 염법에 더하여[모두 72이다.] 얻은 수에 아래에 있는 법 1을 더하여[모두 73이다.] 분모로 하고 남아있는 [4자] 실을 분자로 하여 분수를 만들면 답이다.

開方草曰 置積[一千三百]爲實 別置下法一算從常超一位 約實[百下定十]上商方面[三十] 以乘下法爲方法[三十] 命上商除實[九百] 餘實[四百] 以二因方法 一退爲廉[六十] 下法再退[定零上] 又商第二位方面[六尺] 以乘下法爲隅[六尺] 以廉隅二法[六十六尺] 命上商[六尺] 除實 [三百九十六尺] 餘實[四尺] 卽開方不盡之數 二因隅法倂入廉法 [共七十二] 添入下法一算 [共七十三] 命爲分母 所餘[四尺] 命爲分子合問

환원하여 원래의 넓이를 구하는 방법을 말한다. 한 변을 놓는다. [$36\frac{4}{73}$ 자] 분모를 36자에 곱한 다음 분자와 합하여[모두 2632이다.] 얻은 수를 제곱하여[6927424] 위에 별도로 놓아두자. 분모에서 분자를 뺀 나머지[69]를 분자에 곱하여 [69에 분자 4를 곱하여 276을 얻는다.] 서로 더하여 실로 한다[6927700]. 분모[73]를 제곱하여 법으로 하여[5329] 나누면 원래 넓이[1300자]이다.

還源求元積草曰 置方面[三十六尺七十三分尺之四] 以分母通全尺倂入分子[共二千六百三十二]自乘於上[六百九十二萬七千四百二十四]別置 分子減分母餘[六十九] 以乘分子[六十九乘子四得二百七十六] 倂之爲實[六百九十二萬七千七百] 以分母[七十三]自乘爲法 [五千三百二十九] 以除得元積[一千三百尺]

가령 예로서 한 변이 5자인 정사각형은 넓이를 계산하면 25자이다. 한 변을 취하여 구로 하고 고로도 할 수 있다. 구도 5자이고 고도 5자이므로 각각 제곱하여 합하면 50이다. 제곱근을 구하여 현을 구하면 7자를 얻고 아직도 나머지로서 넓이 1자가 있다.

假如自方五尺 計積二十五尺 取方面爲句爲股 句五股五各自乘倂而五十 開平方求弦得七尺 尙多餘積一尺

☞ 역자 주: $\sqrt{1300}$은 $x^2-1300=0$의 해이므로 다음과 같이 구한다.

$$
\begin{array}{lll}
1 & 0 & -1300 \\
 & 30 & 900 \;\; (\, 30 \\
\hline
1 & 30 & -400 \\
 & 30 & \\
\hline
1 & 60 &
\end{array}
$$

여기서 초상 30을 얻고 차상을 위한 식 $y^2+60y-400=0$을 다시 증승개방한다.

$$
\begin{array}{lll}
1 & 60 & -400 \\
 & 6 & 396 \;\; (\, 6 \\
\hline
1 & 66 & -4 \\
 & 6 & \\
\hline
1 & 72 &
\end{array}
$$

여기서 차상 6을 얻어 구하는 제곱근의 정수 부분은 36이 되고, 정수 이하 부분의 나머지를 위한 식 $z^2+72y-4=0$으로부터 근사값 $\frac{4}{72+1}$를 구한다([1-6-1] 참조).

〔1-10-2〕〈장구건산경〉에 있는 문제이다. 원의 지름이 2자 1치이면 원 안에 내접하는 정사각형의 한 변은 얼마인가?

張丘建算經問 圓材徑二尺一寸 得方面幾何

답: 1자 5치〔이순풍의 주에 제곱근을 구하면 1자 $4\frac{21}{25}$치라고 되어 있다.〕

答曰一尺五寸〔李淳風註 開方除之 爲一尺四寸二十五分寸之二十一〕

풀이: 지름의 길이를 5배하고 7로 나누면 된다. 즉 방5사7의 방법이

다. 〔이순풍의 주에 있는 치 단위 아래의 $\frac{21}{25}$치도 역시 방5사7의 방법이다.〕 지름이 바로 정사각형의 대각선이다.
術曰五乘徑寸 以七除之 卽方五斜七之義 〔李淳風之註有寸下二十五分寸之二十一 亦方五斜七之義〕 徑卽弦也

구고술에 의해 풀어보자. 지름 2자 1치를 제곱하고 2로 나누어 2자 2치 5리를 얻는다. 〔1자의 평방적은 100치이므로 이 넓이는 220치 5푼이다.〕 개평방술로 계산하면 한 변이 1자 $4\frac{245}{281}$치이다. 변고통원개방부진법은 방5사7법과 다르다.
句股術曰 徑二尺一寸自乘半之 爲二尺二寸五厘 〔一尺方積百寸 則此積二百二十空寸五分〕 開平方除之得句面一尺四寸二百八十一分寸之二百四十五 用辨古通源開方不盡法 則方五斜七非其法也

여기에서 양휘의 책 본문을 보고 생각하여 보면 이순풍의 주는 방5사7의 방법을 사용했다고 말하고 있으나 이것은 아마도 틀린 말인 것 같다. 또한 생각컨대 한 변을 구할 때 스스로 변고통원의 방법을 사용했다고 말하고 있으나, 이 방법을 쓰면 1자 4치이고 치 단위 아래는 마땅히 $\frac{245}{290}$치가 되어 분모와 분자를 5로 약분하면 확실히 $\frac{49}{58}$치이다. 본문을 보면 우법의 산대 1을 방렴의 둘째 자리에 더하지 않고 잘못하여 셋째 자리에 더하였다. 따라서 281이 된 것이다. 이렇게 되면 원래의 넓이를 계산한 것이 맞지 않는다. 마땅히 290을 써야 한다. 이때의 분모와 분자 또는 분모·분자를 5로 약분한 분모·분자를 쓰면 원래 넓이를 구한 계산이 맞다.
按楊輝本文 以李淳風註謂用方五斜七 此說恐非○又按句面自謂用辨古通源 則一尺四寸下當云二百九十分寸之二百四十五 母子以五約之 當云五十八分寸之四十九 本文蓋不以隅法一算 添入方廉第二本位而 誤添於第三位 故曰二百八十一也 如此則還源求元積不合當 用二百九十 分母子或用母子五約者求之 乃合元積耳

☞ 역자 주: $\sqrt{220.5}$를 앞 문제와 동일한 방법으로 구한다.

1	0	−220.5	
	10	100	(10
1	10	−120.5	
	10		
1	20		

여기서 초상 10을 얻고 차상을 위한 식 $y^2+20y-120.5=0$을 다시 증승개방한다.

1	20	−120.5	
	4	96	(4
1	24	−24.5	
	4		
1	28		

여기서 차상 4를 얻어 구하는 제곱근의 정수 부분은 14가 되고, 정수 이하 부분의 나머지를 위한 식 $z^2+28y-24.5=0$으로부터 근사값 $\frac{24.5}{28+1}$를 구한다

〔1-11〕 동문산지개평방기령법(同文算指開平方奇零法)

일반적으로 개평방의 계산에서 나머지 없이 딱 떨어지는 경우가 있다. 예로서 16은 4로서 계산이 끝나고 25는 5로서 계산이 끝나는 경우이다. 그러나 역시 나머지가 있어 계산이 끝나지 않는 경우도 있다. 예로서 20인 경우에는 4를 써서 16을 빼면 아직도 4가 남는 경우이다. 이때 나머지인 4를 어떠한 방법으로 처리할 것인가? 그 방법은 제법에 의하여 분자와 분모 수를 세우는 것이다. 지금 용수를 2배하여 염법으로 하고 1을 우법으로 하여 더하여 합한 것을 분모로 하고 남는 수를 분자로 한다. 분모에 원래의 용수를 곱하여 다시 분자를 더하여 분자로 한다. 분모를 제곱하고 분자도 역시 제곱하여 제곱근을 구하고자한 수를 취하여 큰 수에서 작은 수를 빼어 그 얻은 수가 얼마인지 보면 딱 떨어져 계산이 끝난 수인지 알 수 있고 만약 다시 계산되지 않은 수가 있으면 다시 제곱근을 구한다.

예로서 20의 제곱근을 구하면 4를 쓸 때 나머지가 4이므로 말하기를

4를 써서 제곱근을 구하니 4를 용수〔즉 방법〕라 한다. 용수를 2배하면 8이고 1을 더하여 분모로 하면 모두 9이다. 다음에 나머지 수 4를 분자로 한 다음에 용수와 분모를 곱하여 36이고 여기에 분자 4를 더하여 40이다. 따라서 $\frac{40}{9}$이 된다. 분모를 제곱하면 81이고 분자를 제곱하면 1600이다. 제곱근을 구한 값의 제곱이 $\frac{1600}{81}$이므로 81로 1600을 나누면 19하고 나머지는 $\frac{61}{81}$이 되어 20과 비교할 때 분자에 20이 모자라서 계산이 딱 떨어지지 않는다.

凡開平方法有可盡者 如十六用四除盡 如二十五用五除盡是也 亦有必不可盡者 假如列實二十者用四除去十六 尚餘四 此所餘之四將何術而開之 其法依除法立子母數 倍用數爲廉法 外加一爲隅法 併爲母而以餘數爲子 乃以原所用開之數 依母數化之而 併子數俱以爲子 乃以母自乘 子亦自乘 以取開方而以小數除其大數 視其所得之數若干 卽開盡數 若原數內更有未盡者再法開之 置二十用四開之剩四 用四開之 四爲用數〔卽方法〕 倍用數得八 加一爲母共九而 以剩數四爲子 次以用數乘母共三十六 併子四共四十 是爲九之四十也 母自乘八十一 子自乘一千六百 因自乘便見開方 以八十一除一千六百 得一十九零八十一之六十一 爲開方之數 是子二十內尚餘八十一之二十 未盡

☞ 역자 주: <동문산지>에서의 방법 역시 [1-6-1]에서 설명한 방법과 동일하다. 20의 제곱근을 구하면 다음 과정에 의해 $4+\frac{4}{4\times2+1}=4\frac{4}{9}$ 인데, 이 근사값을 다시 제곱하면 $\frac{1600}{81}=19\frac{61}{81}$ 이 되어 20이 되지 않는다는 것을 부언하였다.

$$
\begin{array}{lll}
1 & 0 & -20 \\
\underline{} & \underline{4} & \underline{16}\ (\ 4 \\
1 & 4 & -4 \\
\underline{} & \underline{4} & \\
1 & 8 &
\end{array}
$$

〔1-11-1〕

여기에서 다른 방법을 써서 제곱근을 구하자. 영부족을 이용한다. 앞에서 볼 때 4를 써서 제곱하여 20에서 빼면 4가 남고 5를 써서 제곱하여 얻은 25를 20에서 빼면 5가 부족하다. 부족한 5에 대하여 앞의 $4\frac{4}{9}$에서 큰 것에서 작은 것을 빼면〔5를 실로 하고 $4\frac{4}{9}$를 법으로 한다.〕 나머지가 $\frac{5}{9}$이다. 여기에서 앞에 있는 $4\frac{4}{9}$를 2배하면 $8\frac{8}{9}$이고 여기에 지금 남은 $\frac{5}{9}$를 더하면 모두 $9\frac{4}{9}$이다. 〔그 2배한 것은 염법으로 하기 때문이다. 지금 남은 것을 더한 것은 또 영부족을 이용하여 합하는 것이다.〕 다음에 $9\frac{4}{9}$로서 앞에 있는 딱 떨어지지 않은 나머지 $\frac{20}{81}$을 나누면 대분수를 고치는 방법에 의하여 분모를 곱하여 81이 되어 분자 4를 더하여 모두 85이므로 이것은 $\frac{85}{9}$이다. 다시 거꾸로 하여 곱해야 하므로〔$\frac{20}{81}$, $\frac{9}{85}$〕 두 분모를 서로 곱한 것은 6885이고 두 분자를 서로 곱한 것은 180이다. 다시 분모와 분자를 얻은 수에 원래 있는 $\frac{40}{9}$을 서로 나란히 세워〔$\frac{180}{6885}$, $\frac{40}{9}$〕 얻은 분수를 서로 더한다. 두 분모를 곱하면 61965이고 다음 분자와 분모를 서로 곱한 다음 합하면 277020이다. 원래 있는 남은 수에 지금 부족한 수를 곱하여 서로 더한다. 〔6885에 4000[67]을 곱하여 275400을 얻고 9를 180에 곱하여 1620을 얻는다.〕 이제 분모로 분자를 나누면 $4\frac{29160}{61965}$이다. 약분하여 분수는 $\frac{8}{17}$이고, 제곱근의 정수 이하 부분이 된다. 이제 $4\frac{8}{17}$을 제곱하여 보자. 먼저 대분수를 고치는 방법으로 분자는 76이고 분모는 17이다. 각각 제곱하면 분모는 289이고 분자는 5776이다. 분모로 분자를 나누어 얻은 수는 20에서 본다면 20보다 작고 $19\frac{285}{289}$이다. 앞에 있는 $19\frac{61}{81}$과는 멀고, 20에 가깝다. 그러나 아직도 나머지는 $\frac{4}{289}$

67) 40으로 고쳐야 한다.

가 있어 계산이 끝나지 않았다. 더 정확한 값을 얻고 싶으면 다시 앞의 방법을 써서 계산한다.

另立一法開焉 用盈不足 對稽如前用四自乘盈四也 又如用五自乘乃得二十五 是不足五也 以不足五對前四又九之四而 以少除多〔以五爲實 以四又九之四爲法〕 餘九之五也 乃以前四零九之四者倍之爲八零九之八 併入今餘九之五 共得九零九之四〔其倍之爲廉法也 併入今餘又用盈不足相併也〕次取九零九之四以除前所餘未盡八十一之二十 依化法母得八十一 併子四共八十五 是爲九之八十五 又倒位相對〔八十一之二十 八十五之九〕 兩母乘得六千八百八十五 兩子乘得一百八十 又以母子乘出之數與原存九之四十對列〔六千八百八十五之一百八十九之四十〕兩母相乘得六萬一千九百六十五爲共母 次以子母互乘各爲子而幷之得二十七萬七千空二十 原存盈數也 今乘出數不足也 亦相併 〔六千八百八十五乘四千[68)]得二十七萬五千四百 九乘一百八十 得一千六百二十〕 乃以母數除子數各得四零六萬一千九百六十五之二萬九千一百六十 約之卽十七分之八也 爲開方帶零數 將四零十七分之八自乘之 先依化法 子得七十六 母得十七 各自乘以見開方 母得二百八十九 子得五千七百七十六 以母除子則知二十內除過已開淨一十九零二百八十九之二百八十五 較前十九零八十一之六十一遠矣 尚餘二百八十九之四未盡 欲盡之再依前法開除

☞ 역자 주: [1-11]에서 20의 제곱근 $4\frac{4}{9}$를 얻었다. 더 정밀한 값을 얻기 위해 영부족을 이용한 위의 풀이 과정은 다음과 같은 것으로 추정된다. 상을 $4\frac{4}{9}$로 하여 다시 분자·분모법을 적용하는 것이다.

$$
\begin{array}{lll}
1 & 0 & -20 \\
 & 4\frac{4}{9} & \frac{1600}{81} \quad (\ 4\frac{4}{9} \\
\hline
1 & 4\frac{4}{9} & -\frac{20}{81} \\
 & 4\frac{4}{9} & \\
\hline
\end{array}
$$

68) 十으로 고쳐야 한다.

$1 \quad 8\frac{8}{9}$

따라서 구하는 근사값은 $4\frac{4}{9}+\cfrac{\frac{20}{81}}{1+8\frac{8}{9}}$인데, 이것은 5와 $4\frac{4}{9}$ 사이에 있으므로 분모의 1을 5와 $4\frac{4}{9}$의 차인 $\frac{5}{9}$로 대체하여 더 정확한 근사값을 구하는 것이다. 즉 풀이의 과정은 $4\frac{4}{9}+\cfrac{\frac{20}{81}}{\frac{5}{9}+8\frac{8}{9}}$의 계산 과정에 해당하며, $4\frac{4}{9}$보다 더 정확한 근사값 $4\frac{8}{17}$을 얻는다.

〔1-11-2〕

지금까지 20을 처음 제곱근을 구하면 근사값이 $4\frac{4}{9}$이고 다시〔제2차〕 구한 근사값은 $4\frac{8}{17}$이다.〔두 번째 계산한 것을 보고 다시 이 방법으로 계산하면 다음과 같다.〕 다시 계산하면〔제3차〕 근사값은 $4\frac{76}{161}$〔약분하여 얻는다.〕이다. 이 값을 제곱하면 $19\frac{25901}{25921}$이 되어 앞에 있는 근사값에서 더 멀고 20에 가깝다. 그러나 아직도 나머지 20이 있어 계산이 끝나지 않았다.

실을 20으로 하여 개평방술을 처음 계산하고 두 번 계산하고 다시 계산하고 또다시 계산하면〔제4차〕 근사값은 $4\frac{144}{305}$이다. 제곱하면 바로 $19\frac{93021}{93025}$이다. 떨어지지 않고 남은 것이 4이다.

右二十初開四分九之四 再開〔第二次〕四分十七分之八〔按旣再開又依法開之如左〕 又開〔第三次〕 四分一百六十一分之七十六〔旣約得之〕○右自乘如法則已開淨一十九零二萬五千九百二十一之二萬五千九百空一 較前又遠矣 尚餘二十未盡

按實二十初開再開又開而又複開〔第四次〕　則四分三百空五分之一百四十四自乘則一十九零九萬三千空二十五之九萬三千空二十一　未盡四

☞ 역자 주: 20의 제곱근으로 [11-1]에서 $4\frac{4}{9}$, [11-1-1]에서 $4\frac{8}{17}$을 얻었고 [11-1-1]의 방법을 다시 적용하면 더 정확한 근사값을 얻을 수 있다. 상을 $4\frac{8}{17}$로 하여 다시 분자·분모법을 적용하면 다음과 같다.

$$
\begin{array}{lll}
1 & 0 & -20 \\
 & 4\frac{8}{17} & \frac{5776}{289} \quad \big(\; 4\frac{8}{17} \\
\hline
1 & 4\frac{8}{17} & -\frac{4}{289} \\
 & 4\frac{8}{17} & \\
\hline
1 & 8\frac{16}{17} &
\end{array}
$$

따라서 구하는 근사값은 $4\frac{8}{17}+\dfrac{\frac{4}{289}}{1+8\frac{16}{17}}$인데, 역시 이것은 5와 $4\frac{8}{17}$ 사이에 있으므로 분모의 1을 5와 $4\frac{8}{17}$의 차인 $\frac{9}{17}$로 대체하여 더 정확한 근사값을 구하는 것이다. 즉, 근사값 $4\frac{8}{17}+\dfrac{\frac{4}{289}}{\frac{9}{17}+8\frac{16}{17}}$을 계산하여 $4\frac{8}{17}$보다 더 정확한 근사값 $4\frac{76}{161}$을 얻는다. 이것이 제3차 근사값이고 4차 근사값도 같은 방법으로 구할 수 있다.

별해: 〔이 방법은 염법에 1을 더하지 않고 우로 한다.〕 4를 써서 20의 제곱근을 구할 때 4를 써서 계산하면 떨어지지 않는다. 여기에서 용수 4를 2배하면 8이고 이것을 분모로 한다. 나머지 수 4를 분자로 하면

$4\frac{4}{8}$를 얻어 약분하여 $4\frac{1}{2}$이다. 가분수를 고쳐 $\frac{9}{2}$가 되고 분모와 분자를 각각 제곱하면 $\frac{81}{4}$이 되어 분모로 분자를 나누면 20을 얻고 $\frac{1}{4}$이 부족하다.69) 별도로 $\frac{1}{4}$을 실로 놓고 앞의 $4\frac{1}{2}$을 2배하면 9를 얻는다. 이것을 법으로 하여 나누면 9에 1을 분모로 하여 $\frac{9}{1}$로 만들어 이것을 거꾸로 하여 $\frac{1}{9}$을 곱하는 것과 같으므로〔원래 $\frac{1}{4}$이 남아 있고 거꾸로 한 것이 $\frac{1}{9}$〕 $\frac{1}{36}$이다. 이것을 더하면〔$\frac{9}{2}$와 $\frac{1}{36}$을 더한다.70)〕 분모는 서로 곱하여 72이고 분자는 324에 다시 2를 얻어 이 두 분자를 서로 뺀 나머지 322를 분자로 한다. 여기에서 분모로 분자를 나누고 약분하면 $4\frac{17}{36}$을 얻는다. 가분수로 고쳐 분자는 161이 되고 분모는 36이므로 각각 제곱하여 얻은 수에서 분모로 분자를 나누면 20을 얻고 $\frac{1}{1296}$이 남는다. 이보다 더욱 정확한 값을 원한다면 앞의 $4\frac{17}{36}$을 2배하여 $8\frac{34}{36}$를 얻어 가분수로 고쳐 $\frac{322}{36}$이다. 이것을 약분하면〔2로 약분한다.〕 $\frac{161}{18}$이다. 이 2배한 것은 염수에서 나온 것이다. 분모와 분자를 거꾸로 하면 $\frac{18}{161}$이고 앞에 남은 $\frac{1}{1296}$과 분모 및 분자를 각각 서로 곱한 다음 약분하여〔18로 약분한다.〕 $\frac{1}{11592}$을 얻는다. 이 분모, 분자와 원래 염법의 분모, 분자 $\frac{161}{18}$에서 분모를 서로 곱하고 다음 분모와 분자를 곱하여 공통분모는 208656이고 분자는 18을 얻고 또 1866312를 얻는다. 두 분자를 서로 뺀 나머지는 1866294이고 이것

---

69) 20에서 $\frac{81}{4}$을 보면 $\frac{1}{4}$이 부족하고 $\frac{81}{4}$에서 20을 보면 $\frac{1}{4}$이 많다.

70) $\frac{9}{2}$와 $\frac{1}{36}$을 더하는 것이 아니라 빼는 것이다.

을 실로 한다. 분모를 2배하면 417312이고 이것을 법으로 하여 나누어 얻은 수를 약분하면 4푼 $\frac{5473}{11592}$이다. 〔36으로 약분한다.〕** 여기서 대분수를 고치는 방법으로 분모를 4배하여 분자를 더하면 $\frac{51841}{11592}$이 되어 분모와 분자를 각각 제곱하여 얻은 수에서 분자를 분모로 나누면〔작은 것으로 큰 것을 나눈다.〕 $20\frac{1}{134374464}$을 얻는다. 여기에서 개방술로 얻은 모자라는 수는 앞에서 얻은 것에 비하면 아주 미소하다. 더욱 계산을 하여 정확한 값을 알고 싶으면 이 방법을 다시 한다. 〔마지막 합하는 과정에서 분모를 2배한 것은 그 앞에 대분수를 고쳐서 2로 약분하였기 때문이다. 따라서 여기서 반드시 2배하여야 한다.〕

앞에서 20을 처음 제곱근을 구하면 4푼 $\frac{1}{2}$이고 다시 제곱근을 구하면〔제2차〕 4푼 $\frac{17}{36}$이고 다시 제곱근을 구하면〔제3차〕 4푼 $\frac{5473}{11592}$이다.

又法〔此廉法外不加一爲隅〕以四開二十 用四開之不盡 乃用所用數四倍得八爲母 餘四爲子 得四零八之四約得四零二之一 化得二之九 母子各自乘得四之八十一 以母除子得二十數 不足四之一 另置四之一爲實 將前四零二之一倍得九爲法除之 以九立一爲母 倒爲乘〔原剩四之一 倒位九之一〕得三十六之一 以併母互乘〔二之九三十六之一〕母得七十二 子得三百二十四 又得二 以此兩子對減餘三百二十二爲子數 乃以母數除得數 又約之得四零三十六之一十七 依法化得一百六十一爲子 母得三十六 各自乘得數 以母除子得二十 不盡一千二百九十六之一 如欲淨除此數 將前四零三十六之一十七倍之得八零三十六之三十四 化得三十六之三百二十二 若用約法〔用二約之〕化之則得一十八之一百六十一 此倍出廉數也 倒位得一百六十一之一十八 對前不盡一千二百九十六之一 母子各乘得數約之〔用一十八約之〕得一萬一千五百九十二之一 將此母子與原廉母子一十八之一百六十一相對 以乘母者併母 次以兩子各乘 則總母得二十空萬八千六百五十六 子得一十八 又得一百八十六萬六千三百一十二 兩子對減 餘一百八十六萬六千二百九十四爲實 乃取所併之母倍之得四十一萬七千三百一十二爲法除之 所得數約之得四分一萬一千五百九十二之五千四百七十三〔用三十六約之〕乃以母化四併入子數 得一萬一千五百九十二之五萬一千八百四十一 母子各自乘得數 以母除子〔以小除大

也〕得二十零一億三千四百三十七萬四千四百六十四之一 此爲開方不足之數 比前則所剩微矣 欲開盡依法再推〔所併之母倍之者 以其前用約法化之之時 用二約之 故於此必倍之也〕
右實二十初開四分二之一 再開〔第二次〕四分三十六之一十七 又開〔第三次〕四分一萬一千五百九十二之五千四百七十三

☞ 역자 주: ** 부분은 모두 틀렸다. 앞에 있는 $\frac{1}{11592}$ 과 $\frac{161}{36}$ 에서 볼 때 $\frac{161}{36}$ 에서 $\frac{1}{11592}$ 을 빼면 답으로 제시한 4푼 $\frac{5473}{11592}$ 을 얻는다. 본문의 방법으로 하면 답이 안 나온다. 본문은 同文算指 通編卷六 開平奇零法第十三의 일부를 저자가 그대로 옮겨 놓은 것인데 본래 <동문산지>의 내용이 틀렸음을 확인할 수 있다.

〔1-12〕 기령병모자법(奇零倂母子法)
무릇 두 분수가 있어서 분모와 분자의 수가 다르면 더하기 전에 먼저 반드시 분모를 비교하여 본다. 두 분모를 서로 곱한 것을 공통분모로 하고 다음에 두 분모를 두 분자에 서로 곱하여 각각의 분자의 수를 얻는다. 예로서 $\frac{3}{4}$ 과 $\frac{2}{3}$ 에서 두 분모를 서로 곱하면 12이고 다음에 4와 2를 곱하여 $\frac{8}{12}$ 을 얻고 3과 3을 곱하여 $\frac{9}{12}$ 를 얻는다.

凡兩子母數不等 須先倂母較之 以兩母相乘得共母數 次以兩母互乘兩子 得各子數
四/三 三/二 兩母相乘得一二 次以四乘二 得一二/八 以三乘三得一二/九

☞ 역자 주: 이분모 분수를 더하기 위해 먼저 통분할 것을 설명한 것이다. 4분의 3을 $\frac{4}{3}$, 3분의 2를 $\frac{3}{2}$ 로 표시하고, 12분의 8과 12분의 9를 각각 $\frac{12}{8}$ 와 $\frac{12}{9}$ 로 표시하였다. 오늘날의 분수 표기와 차이가 있다.

〔1-12-1〕 기령승법(奇零乘法)
무릇 두 분수를 서로 곱하는 것은 모두 분모는 분모끼리 곱하고 분자는 분자끼리 곱한다.

$\frac{3}{4}$과 $\frac{2}{3}$를 곱하면 $\frac{6}{12}$을 얻는다.

凡兩零相乘者 皆以母乘母 子乘子
四/三 三/二　乘得 一二/六

무릇 분수와 정수를 서로 곱하는 것은 정수를 분모 1을 세워 분모가 1인 분수로 고친 다음 주어진 분수와 앞에서와 같이 분모는 분모끼리 곱하고 분자는 분자끼리 곱한다.

예를 들어 정수 8과 분수 $\frac{4}{5}$를 곱하면 8을 $\frac{8}{1}$로 고친 다음 $\frac{4}{5}$와 $\frac{8}{1}$을 서로 곱하여 $\frac{32}{5}$가 되어 30을 5로 나누면 6이고 나머지는 $\frac{2}{5}$이므로 $6\frac{2}{5}$이다.

凡零數71)與整數相乘者　置整數與零子數併列其上立一數爲母　與零母併列照前母乘母 子乘子
整數八零數五/四　列位　五/四　一/八　置八於子位另立一爲母乘得　五/三二歸整六　五/二　以五歸三十得六　整數外餘五之二

〔1-12-2〕 기령제법(奇零除法)
무릇 분수를 다시 분수로 나누는 것은 원래 분수를 오른쪽에 놓고 나누는 분수를 왼쪽에 놓아 나누는 분수의 분모와 분자를 거꾸로 한 다음〔원래 분수는 분모를 위로 분자는 아래로, 나누는 분수는 분자는 위로 분모는 아래로〕 위는 위끼리 아래는 아래끼리 곱하여 얻는 수가 바로 나눈 수이다.

가령 분수를 분수로 나눈 예로서 원래 분수 $\frac{1}{2}$을 분수 $\frac{1}{6}$로 나누면 거

71) 零數는 1보다 작은 분수를 뜻한다.

꾸로 하여 $\frac{6}{1}$을 $\frac{1}{2}$에 곱하므로 $\frac{6}{2}$이다. 〔즉 승법으로 1 곱하기 2는 2이고 1 곱하기 6은 6이므로 $\frac{6}{2}$을 얻고 약분하여 $\frac{1}{3}$이다.〕

凡奇零數又以奇零數歸除者 列原數於右列除數於左 卻將除數倒列子母〔原數母上子下 除數子上母下〕兩平對乘其乘出數 卽歸得數

假如以奇零除奇零者

原數 二/一 除數 六/一 倒位 一/六 二/一 乘二/六〔卽以乘法當除法一二如二 一六如六爲得二分之六 約之卽一之三也〕

〔1-13〕 방률(方率)

〔주자가 말하기를, 무릇 방이라고 말하는 것은 모두 지름이라고 하였다. 방이 2장 5자라고 하면 동에서 서로 2장 5자이고 남에서 북으로 2장 5자인 것과 같다.〕

정사각형의 한 변이 $2\frac{1}{2}$자라고 하자. 〔정사각형의 한 변은 원의 지름과 그 뜻이 같다.72)〕

정사각형의 둘레는 10자이다. 〔한 변을 4배하면 둘레를 얻는다. 정사각형의 넓이를 16배하고 제곱근을 구하면 둘레를 얻는다.〕

정사각형의 넓이는 $6\frac{1}{4}$자이다. 〔한 변에 정사각형의 둘레를 곱하고 4로 나누면 정사각형의 넓이를 얻는다. 한 변의 반과 둘레의 반을 서로 곱하면 넓이를 얻는다.〕

정육면체의 부피는 $15\frac{5}{8}$자이다.

삼승방의 부피는 $39\frac{1}{16}$자이다.

사승방의 부피는 $97\frac{21}{32}$자이다. 〔둘레를 5제곱하고 1024로 나누면 사승방의 부피를 얻는다.〕

---

72) 원이 지름에 의해 일의적으로 결정되듯이, 정사각형은 한 변에 의해 일의적으로 결정되는 것을 말한다.

〔朱子曰 凡言方者皆徑也 如言方二丈五尺者 從東至西二丈五尺 從南至北二丈五尺也〕
方面二尺二分尺之一 〔蓋方之面與圓之徑其義一也〕
方周十尺 〔面四之得周◯平積十六之開方得周〕
平方積六尺四分尺之一 〔方面乘方周四而一得積 半面半周相乘卽得平積〕
立方積一十五尺八分尺之五
三乘方積三十九尺一十六分尺之一
四乘方積九十七尺三十二分尺之十一 〔周四自之一千空二十四而一得積〕

☞ 역자 주: 한 모서리가 $\frac{5}{2}$인 사승방의 부피는 $\left(\frac{5}{2}\right)^5$ 이다. 주에서 둘레는 한 면인 정사각형의 둘레를 의미하는 것으로, 따라서 그 방법은 다음과 같이 정당화된다.

$$\frac{\left(4\times\frac{5}{2}\right)^5}{1024}=\frac{\left(4\times\frac{5}{2}\right)^5}{4^5}=\left(\frac{5}{2}\right)^5$$

〔1-13-1〕 정사각형의 한 변을 알고 넓이를 구하는 것(平方面求積)
정사각형의 한 변을 가분수로 고쳐 분자 5를 제곱하면 25이다. 분모의 제곱인 4로 나누면 정사각형의 넓이이다. 이때 나머지는 분수로 나타낸다. 〔한 변을 제곱하고 이것을 4배한 다음 4로 나누면 넓이를 얻는다는 것이 바른 방법이다. 그러나 다만 제곱하면 바로 넓이임을 아는 것이 빠른 방법이다.〕
面通内五 自之二十五 分母冪四而一 不滿法者命之 〔面自之四之四而一得積 此正法也 然只自之則積自見爲捷也〕

〔1-13-2〕 정사각형의 넓이를 알고 한 변을 구하는 것(平方積求面)
정사각형의 넓이를 가분수로 고치면 분자는 25이다. 또 분모 4를 곱한 100의 제곱근은 10이다. 다시 분모 4로 나누면 한 변이다. 이때 나누어 얻는 나머지는 2로 약분한다.
〔별해: 25를 실로 하고 4를 염법으로 하는 평방을 푼다.

별해: 25의 제곱근은 5이고 다시 분모의 제곱근 2를 얻어 나누면 한 변이다.〕
積通內二十五 又分母四之一百 開方一十 又分母四而一 餘各半之〔又術二十五爲實 四爲廉開之◯又術二十五開方得五 又分母開得二 報除〕

〔1-13-3〕정사각형의 둘레를 알고 넓이를 구하는 것(平方周求積)
정사각형의 둘레를 제곱하고 16으로 나누면 정사각형의 넓이를 얻는다.
〔둘레의 반을 제곱하고 4로 나누어도 정사각형의 넓이를 얻는다.〕
周自之十六而一得積〔半周自之四而一得積〕

〔1-13-4〕정육면체의 한 모서리를 알고 부피를 구하는 것(立方面求積)
정육면체의 한 모서리의 길이를 가분수로 고치면 분자는 5이다. 세제곱하면 125이고 분모를 세제곱한 8로 나누면 정육면체의 부피이다.
面通內五 再自之一百二十五 分母再自之八而一

〔1-13-5〕정육면체의 부피를 알고 한 모서리를 구하는 것(立方積求面)
정육면체의 부피를 가분수로 고치면 분자는 125이다. 다시 분모의 제곱인 64를 곱하면 8000이다. 세제곱근을 구하면 20을 얻고 다시 분모 8로 나누고 나머지를 각각 4로 약분하면 정육면체의 한 모서리이다.
〔별해: 125를 실로 하고 8을 우법으로 하는 입방을 풀면 한 모서리이다.
별해: 125의 세제곱근은 5이고 분모의 세제곱근은 2이므로 나누면 바로 한 모서리이다.〕
積通內一百二十五 又分母冪六十四之八千 開立方得二十 又分母八而一 餘各四約之〔又術一百二十五爲實 八爲隅立方開之◯又術一百二十五 開立方五分母開立方得二 報除〕

〔1-13-6〕정사각형의 둘레를 알고 부피를 구하는 것(立方周求積)

둘레를 세제곱하고 64로 나누면 정육면체의 부피를 얻는다.
周再自之六十四而一得積

☞ 역자 주: 위의 내용에 의하면, '입방주구적'은 정사각형의 둘레를 알고 정육면체의 부피를 구하는 문제이지 정육면체의 둘레를 알고 그 부피를 구하는 문제가 아니다. 둘레가 $4\times\frac{5}{2}$이므로 $\frac{(4\times\frac{5}{2})^3}{64}=\frac{(4\times\frac{5}{2})^3}{4^3}=(\frac{5}{2})^3$으로 부피를 구한다.

〔1-13-7〕 삼승방체의 한 모서리를 알고 부피를 구하는 것(三乘方面求積)
삼승방체의 한 모서리를 가분수로 고쳐 분자 5를 네제곱하면 625이다. 분모를 네제곱한 16을 얻어 16으로 나누면 삼승방체의 부피이다.
面通内五 三自之六百二十五 分母三自之得一十六而一

〔1-13-8〕 삼승방체의 부피를 알고 한 모서리를 구하는 것(三乘方積求面)
삼승방체의 부피를 가분수로 고치면 분자는 625이다. 분모를 세제곱하면 4096이고 곱하면 2560000이다. 세제곱근을 구하면 40이고 분모 16으로 나누면 삼승방체의 한 모서리이다. 나눈 나머지는 8로 각각 약분한다.
〔별해: 625를 실로 하고 16을 우법으로 하는 삼승방을 풀면 한 모서리이다.
별해: 625의 세제곱근을 구하면 5이고 다시 16의 세제곱근을 구하면 2이므로 나누면 된다.〕
積通内六百二十五 分母再乘四千空九十六而 乘之二百五十六萬 三乘方開之四十 又分母一十六而一 餘各八約之〔又術六百二十五爲實 一十六爲隅 開三乘方求之○又術六百二十五開三乘方得五 又一十六開三乘方得二 報除〕

〔1-13-9〕 정사각형의 둘레를 알고 삼승방체의 부피를 구하는 것(三乘方周求積)

둘레를 네제곱하고 256으로 나누면 삼승방체의 부피이다.

周三自之二百五十六而一得積

〔1-14〕 원율삼가(圓率三家)

〔세 가지의 구분〕

〔원이란 도형은 지름과 둘레가 있다. 그 둘레의 반은 전호배가 되고 반지름은 전호의 시이다.[73] 전체 지름은 전호의 현이다. 시는 마땅히 등지고 있는 호의 중점을 갖고, 마땅히 지름인 현을 갖는 호의 중점에서 세로와 가로의 직선을 만들면 직각삼각형이 생긴다. 입원이란 바로 둥근 공의 모양이다. 양휘가 말하기를 휘와 밀의 두 방법에서 원주가 3이면 지름은 1인 것은 옛날 사람들이 아는 원주가 3이면 정사각형의 둘레는 4라는 뜻과 같다[74]고 말하므로 원주가 3이면 지름은 1인 방법을 쓴다고 하였다.〕

〔之分〕

〔凡圓形有徑有周 其半周爲全弧背 則半徑爲全弧之矢也 全徑爲全弧之弦也 矢當弧背之中半處 又當弧弦之中半處一縱一橫 以生句股形◯立圓卽渾圓也 球體也◯楊輝曰 以徽密二術 言之圓三徑一 亦未爲是古人取圓三方四之義 故行圓三徑一之法〕

☞ 역자 주: 호시전의 최대를 반원으로 보아 반원주를 전호라 하고 전호의 시는 반지름, 현은 지름이 된다. 그리고 원주각의 일반 성질로 이어지지는 못했지만 전호의 중심과 지름의 양끝 점을 이어 직각삼각형이 이루어짐을 언급하고 있다.

〔1-14-1〕 고법(古法)

원의 지름 $2\frac{1}{2}$자

73) 호시의 특별한 경우인 반원에 대한 설명이다.

74) 방률에서 '정사각형의 한 변은 원의 지름과 같다'는 것과 일맥상통한다.

둘레 $7\frac{1}{2}$ 자

원의 넓이 $4\frac{11}{16}$ 자

구의 부피 $8\frac{101}{128}$ 자

圓徑二尺二分尺之一
　周七尺二分尺之一
平積四尺一十六分尺之一十一
立積八尺一百二十八分尺之一百空一

〔1-14-1-1〕 원의 지름을 알고 원의 넓이를 구하는 것(平徑求積)
지름을 가분수로 고쳐 분자 5를 제곱하면 25이고 다시 3을 곱하여 75를 16으로 나누면 된다. 〔3을 곱한 수를 마땅히 4로 나누어야 한다. 또 분모를 제곱하니 4로 나누게 되고 따라서 지금 4로서 4에 곱하여 16으로 나누게 된다. 4로 나누는 4는 바로 지름이 1이면 넓이는 4[75]이기 때문이다.〕 이때 나누어서 남은 것은 분수로 나타낸다.
〔별해: 반지름을 제곱하여 3배하면 원의 넓이이다.

별해: 지름을 2배하면 5자이고 반지름은 $1\frac{1}{4}$ 자이므로 가분수로 고쳐 분자와 서로 곱하고 3배한 다음 분모 4에 4를 곱하여 16으로 나눈다. 원의 지름의 제곱은 또한 지름의 2배와 반지름을 서로 곱한 것이다. 또한 지름의 4배와 지름의 $\frac{1}{4}$ 을 서로 곱하는 이와 같은 세 가지 방법은 원의 넓이를 구하는 방법으로 서로 같다. 이와 같은 방법으로 위에서 구한다. 만약 지름의 2배가 분모와 분자가 있으면 그 분모는 반지름의 분모와 서로 곱하여 다시 4를 곱한 것이다. 반지름에서 원의 넓이의 반을 구하려면 반지름을 제곱하고 3을 곱하고 2로 나눈다.〕
徑通内五自之二十五三之七十五十六而一〔三之得數當四而一 又分母冪四而一 故今以四乘四得十六而一 四而一之四者卽徑一與四段相因者也〕 不滿法

75) 원의 넓이는 $(반지름)^2 \times$ 원주율이므로, $(지름)^2 \times$ 원주율은 원의 넓이의 4배라는 뜻이다.

者命之〔又術半徑自乘三之得積◯又術二徑五尺半徑一尺四分尺之一 通內相乘三之 乃以母四乘四得十六而一◯凡平徑自之又二徑半徑相乘◯又四徑四分徑之一相乘此三法所得平積並同 以上皆可倣此求之◯若二徑有分母子 則其母與半徑母相乘又乘四◯半徑求半積 自之三之二而一〕

☞ 역자 주: 원의 지름을 d, 반지름을 r이라 할 때 넓이 S를 구하는 세 가지 방법을 식으로 나타내면 다음과 같다. (단, 고법이므로 $\pi=3$)

(1) $\dfrac{d^2\times\pi}{4}$

(2) $r^2\times\pi$

(3) $\dfrac{2d\times r\times\pi}{4}$

$d^2=d\times2\times r$임을 언급함으로써 방법 (3)은 방법 (1)과 동치임을 제시하고 있다. 또한 방법 (3)에서 $2d$와 r에 분모가 있으면 그 곱에 다시 4를 곱하여 나눈다고 설명하고 있지만 일반적으로 위의 식으로 충분하다.

〔1-14-1-2〕 원의 넓이를 알고 지름을 구하는 것(平積求徑)

원의 넓이를 가분수로 고쳐 분자 75를 4배한다. 〔4배하는 것은 바로 지름 1에 대하여 넓이는 4이기 때문이다.〕 얻은 수 300을 3으로 나누어 100이 되고 여기에 분모 16을 곱하여 1600이다. 이 수의 제곱근을 구하면 40이고 다시 분모 16으로 나누어 떨어지지 않는 수는 분수로 나타낸다. 이때 분수를 8로 약분하면 원의 지름이다.

〔별해: 100을 실로 하고 16을 염법으로 하는 평방을 풀면 지름을 얻는다.

별해: 16으로 실을 나누면 $6\frac{1}{4}$자를 얻고 가분수로 고쳐 분자 25의 제곱근은 5이고 분모 4의 제곱근은 2이다. 5를 2로 나누어 나머지는 분수로 나타낸다. 원의 넓이의 반을 알고 원의 반지름을 구하려면 2배하고 3으로 나누어 제곱근을 구하면 된다.〕

積通內七十五四之〔四之者卽徑一與四段相因者〕三百三而一一百 分母十六之一千六百 開平方四十 又十六而一 不滿法者八約之〔又術一百爲實十六爲廉開◯又術十六除實得六尺四分尺之一 通內得二十五 開方得五 又開方分母

四得二 報除不滿者命之◯半積求半徑 二之三而一開平方]

☞ 역자 주: 위의 방법 (1) $S=\frac{d^2\times\pi}{4}$ 로부터 $d^2=\frac{S\times4}{\pi}=\frac{100}{16}$ 를 얻어 계산하여 지름 $\frac{5}{2}$를 구한 것이다.

〔1-14-1-3〕 원의 둘레를 알고 넓이를 구하는 것(平周求積)
둘레를 가분수로 고쳐 분자 15를 제곱하면 225이다. 〔다시 1을 곱한다.〕 48로 나누면 원의 넓이이다. 〔분모를 제곱한 수에 12배의 수를 곱한다.〕 나누었을 때 나머지는 분모로 나타내어 3으로 약분한다.

〔별해: 반지름은 $1\frac{1}{4}$자이고 둘레의 반은 $3\frac{3}{4}$자이므로 각각 가분수로 고쳐 분자를 서로 곱하고 두 분모를 서로 곱하여 얻은 16으로 나누면 원의 넓이를 얻는다.
별해: 둘레와 지름을 각각 가분수로 고쳐 분자를 서로 곱하고 다시 두 분모를 서로 곱한 4에 4배하여[76] 16으로 나누면 원의 넓이이다. 이 두 방법은 휘율과 밀률의 두 방법에서도 모두 통용된다.
별해: 둘레의 반을 서로 곱하고 3으로 나누면 원의 넓이를 얻는다. 둘레의 반에서 원의 넓이의 반을 구하려면 제곱하고 6으로 나누면 된다.〕
周通内十五自之二百二十五〔又一之〕四十八而一〔分母冪乘十二段數〕不滿者各三約之〔又術半徑一尺四分尺之一 半周三尺四分尺之三 各通内相乘二分母相乘得十六而一 得平積◯又術周徑各通内相乘 又二分母相乘四因四段得十六而一 得平積 此二術微密二率皆通用也◯又術半周相乘三而一得積◯半周求半積 自之一之六而一〕

☞ 역자 주: 원의 둘레 l로부터 넓이 S를 구하는 네 가지 방법을 다음 식으로 나타낼 수 있다. (단, 고법이므로 $\pi=3$)

(1) $\frac{l^2}{4\pi}$

---

76) 지름와 둘레의 수의 분모가 모두 2이기 때문이다.

(2) $r\times\frac{l}{2}$

(3) $\frac{l\times d}{4}$

(4) $\frac{(\frac{l}{2})^2}{\pi}$

〔1-14-1-4〕 원의 넓이를 알고 둘레를 구하는 것(平積求周)

넓이를 가분수로 고쳐 분자 75에 12를 곱하면 900이다. 〔다시 1로 나눈다.〕 분모 16을 곱하면 14400이고 제곱근을 구하면 120이다. 또 16으로 나누고 나머지는 분수로 나타내면 둘레이다. 〔분수를 만들 때 계산하여 분자를 만든다.

별해: 900을 실로 하고 16을 염법으로 하는 평방을 푼다.

별해: 염법으로 실을 나누면 $56\frac{1}{4}$자를 얻고, 가분수로 고쳐 분자 225의 제곱근은 15이다. 또 분모 4의 제곱근은 2이고 나누어 나머지는 분수로 나타낸다.

별해: 분모 16을 세제곱하면 4096이고 900을 곱하면 3686400이고 이것을 실로 하여 제곱근을 구하면 1920이다. 다시 분모를 제곱하면 256이고 이것을 법으로 하여 나누면 7자이고 나머지는 128이다. 약분하면 둘레이다. 이 방법이 〈산학계몽〉에 있는 방법이다. 그러나 앞에서 말한 본문의 방법에 비하면 민첩한 면에서 뒤떨어진다. 마땅히 본문에 있는 방법으로 하여야 한다.

별해: 900의 제곱근은 30이고 분모의 제곱근은 4이다. 나누어 7자를 얻고 나머지는 분수로 나타내어 약분한다. 원의 넓이의 반에서 둘레의 반을 구하려면 6을 곱하고 제곱근을 구한다.〕

積通内七十五 十二之九百 〔又一而一〕 分母十六之一萬四千四百 開方一百二十 又十六而一餘命之 〔命呼作子分也◯又術九百爲實十六爲廉開之◯又術廉除實 得五十六尺四分尺之一 通内二百二十五 開方十五 又分母四開之得二 報除餘命之◯又術分母十六再自之四千空空[77]九十六 以乘九百得三百六

77) 空을 하나 없애야 한다.

十八萬六千四百爲實 開平方得一千九百二十 又分母自之二百五十六而一 得七尺餘一百二十八約之 此啓蒙本術然 不如上文本術之爲捷 當從上文本術○又術九百開方三十 分母開方四 報除得七尺餘命之約之○半積求半周 六之一而一開平方〕

☞ 역자 주: 위의 방법 (1) $S=\dfrac{l^2}{4\pi}$ 로부터 $l^2=S\times 4\pi=4\dfrac{11}{16}\times 12=\dfrac{900}{16}$ 을 얻어 계산한 것이다.

〔1-14-1-5〕 원의 지름을 알고 둘레를 구하는 것(平徑求周)
지름를 가분수로 고쳐 분자 5를 3배하면 15이다. 분모 2로 나누면 둘레이다. 〔반지름을 알고 둘레의 반을 구할 때는 3배하고 0.5로 나눈다.[78]〕
徑通内五三之十五一而一 分母二而一 〔半徑求半周三之空五而一〕

☞ 역자 주: 고법에 따르면 둘레는 지름의 3배이다.

〔1-14-1-6〕 원 둘레를 알고 지름을 구하는 것(平周求徑)
둘레를 가분수로 고쳐 분자 15를 3으로 나누어 5를 얻고 분모 2로 나눈다. 〔별해: 둘레의 2배와 둘레의 반을 서로 곱한 것 또는 둘레의 4배와 둘레의 $\dfrac{1}{4}$을 서로 곱한 것, 이들 세 방법은 원의 넓이를 얻는 데 모두 필요하여 위에서 모두 이와 같이 한다. 둘레의 반을 알고 반지름을 구할 때는 0.5를 곱하고 3으로 나눈다.[79]〕
周通内十五一之三而一五分母二而一 〔又術二周半周相乘 又四周四分周之一相乘 此三法所得平積並同 以上並倣此○半周求半徑空五之三而一〕

---

78) 반지름을 3배하면 둘레의 반이다. 분모 2로 나누는 것이므로 0.5로 나누는 것이 아니라 0.5를 곱해야 한다.
79) 반지름에 3을 곱하면 원 둘레의 반이다.

〔1-14-1-7〕 구의 지름을 알고 부피를 구하는 것(立徑求積)
지름을 가분수로 고쳐 5를 세제곱하면 125이다. 9를 곱하면 1125이고 128로 나누면 부피이다. 〔분모를 세제곱하면 8이고 여기에 16을 곱한 수이다.〕 나머지가 있으면 분수로 나타낸다. 〔구의 반지름을 알고 부피의 반을 구할 때는 세제곱하고 다시 9를 곱하고 4로 나누면 된다. 세제곱하고 다시 9를 곱하고 2로 나누면 구의 전체 부피이다.〕
徑通内五 再自之一百二十五 九之一千一百二十五 一百二十八而一 〔分母再自之得八 乘十六段數〕 餘命之 〔立半徑求半積 再自之九之四而一○再自之九之二而一 則全積也〕

☞ 역자 주: 구의 지름 d, 또는 반지름 r을 알 때, 구의 부피 V를 구하는 방법을 다음의 식으로 나타낼 수 있다. (단, 고법이므로 $\pi=3$)

(1) $\dfrac{d^3\times\pi^2}{16}$

(2) $\dfrac{r^3\times\pi^2}{2}$

〔1-14-1-8〕 구의 부피를 알고 지름을 구하는 것(立積求徑)
부피를 가분수로 고쳐 분자 1125에 16을 곱하면 18000이고 9로 나누면 2000이다. 분모의 제곱 16384를 곱하면 32768000이고 세제곱근을 구하면 320이다. 다시 분모 128로 나누면 나머지가 있어 분수로 나타내어 64로 약분하면 지름이다.
〔별해: 2000을 실로 하고 128을 우법으로 하는 입방을 푼다.
별해: 우법으로 실을 나누면 $15\frac{5}{8}$자이다. 가분수로 고쳐 분자 125의 세제곱근은 5자이다. 분모 8의 세제곱근은 2이므로 나누어서 $2\frac{1}{2}$자이다. 구의 부피의 반에서 반지름을 구할 때에는 4배하고 9로 나누어 세제곱근을 구한다.〕
積通内一千一百二十五 十六之一萬八千 九而一二千 以分母冪一萬六三八四乘之三千二百七十六萬八千 開立方得三百二十 又以分母一百二十八而一 餘各六十四約之 〔又術二千爲實 一百二十八爲隅 立方開之○又術隅除實得十

五尺八分尺之五 通内一百二十五 開立方得五尺 以分母八開立方得二 報除二尺二分尺之一◯立半積求半徑 四之九而一開立方]

☞ 역자 주: 위의 방법 (1) $V=\frac{d^3\times\pi^2}{16}$ 로부터 $d^3=\frac{V\times16}{9}=\frac{2000}{128}=\frac{125}{8}$ 을 이용하여 계산한 것이다.

〔1-14-1-9〕 구의 둘레를 알고 부피를 구하는 것(立周求積)
둘레를 가분수로 고쳐 분자 15를 세제곱하면 3375이다. 〔다시 1을 곱한다.〕 384로 나누면 부피이다. 〔분모를 세제곱하면 8이고 48배한 수이다.〕 나머지가 있으므로 3으로 약분한다. 〔둘레의 반을 알고 부피의 반을 구할 때에는 세제곱하고 1을 곱하고 12로 나누면 된다. 세제곱하고 1을 곱하고 6으로 나누면 구 전체의 부피이다.〕
周通内十五 再自之三千三百七十五〔又一之〕 三百八十四而一 〔分母再自之得八 乘四十八段之數〕 餘各三約之 〔立半周求半積 再自之一之十二而一◯再自之一之六而一 則全積也〕

☞ 역자 주: 구의 둘레 l로부터 부피 V를 구하는 방법을 다음 식으로 나타낼 수 있다. $V=\frac{d^3\times\pi^2}{16}=\frac{(\pi d)^3}{16\pi}=\frac{l^3}{16\pi}$ (단, $\pi=3$)

〔1-14-1-10〕 구의 부피를 알고 둘레를 구하는 것(立積求周)
부피를 가분수로 고쳐 분자 1125에 48을 곱하면 54000이다. 〔다시 1로 나눈다.〕 분모의 제곱 16384를 곱하면 884736000이고 세제곱근을 구하면 960이다. 다시 분모 128로 나누어, 나머지가 있어 분수로 나타내어 64로 약분하면 둘레이다.
〔별해: 54000을 실로 하고 128을 우법으로 하는 입방을 푼다.
별해: 우법으로 실을 나누면 $421\frac{7}{8}$자를 얻는다. 가분수로 고쳐 분자 3375의 세제곱근을 구하면 15이고 다시 분모의 세제곱근 2를 얻어 나눈다. 부피의 반을 알고 둘레의 반을 구할 때는 12를 곱하고 1로 나

누고 세제곱근을 구한다.〕
積通內一千一百二十五 四十八之五萬四千〔又一而一〕 以分母羃一萬六三八四乘之 八億八千四百七十三萬六千 開立方九百六十 又分母一百二十八而一餘各六十四約之〔又術五萬四千爲實 一百二十八爲隅 開立方◯又術隅除實得四百二十一尺八分尺之七 通內三千三百七十五 開立方十五 又分母立方開之得二報除◯立半積求半周十二之一而一開立方〕

☞ 역자 주: 위의 방법 $V=\frac{l^3}{16\pi}$ 로부터 $l^3=V\times48=\frac{54000}{128}=\frac{3375}{8}$ 을 이용하여 세제곱근을 구하는 것이다.

〔1-14-2〕 휘술(徽術)

원의 지름 $2\frac{1}{2}$ 자

둘레 $7\frac{17}{20}$ 자

원의 넓이 $4\frac{29}{32}$ 자

구의 부피 $9\frac{1609}{2560}$ 자

圓徑二尺二分尺之一
周七尺二十分尺之一十七
平積四尺三十二分尺之二十九
立積九尺二千五百六十分尺之一千六百空九

〔1-14-2-1〕 원의 지름을 알고 원의 넓이를 구하는 것(平徑求積)
지름을 가분수로 고쳐 분자 5를 제곱하면 25이고 157을 곱하면 3925이다. 분모를 제곱하여 4에 200을 곱하면〔200은 바로 지름 50의 비율을 4배한 것이다.〕 800이고, 이것으로 나누면 나머지가 있어 분수로 고쳐 25로 약분하면 원의 넓이이다.
徑通內五自之二十五 一百五十七之三千九百二十五 以分母羃四乘二百段〔二

百卽徑五十與四段相因者]八百 而一餘各二十五約之

☞ 역자 주: 고율 3대신 휘율 $\frac{157}{50}$(=3.14)을 이용하는 것이다. 지름을 알 때 원의 넓이는 [1-14-1-1]에서 (1) $\frac{d^2\times\pi}{4}=\frac{25\times157}{4\times4\times50}$이다.

〔1-14-2-2〕 원의 넓이를 알고 지름을 구하는 것(平積求徑)

원의 넓이를 가분수로 고쳐 분자 157에 200을 곱하면〔200은 바로 원의 지름의 비율 50에 4를 곱한 것이다.〕 31400이다. 이것을 157로 나눈다. 200에 분모 32를 곱하면 6400이고 제곱근을 구하면 80이다. 다시 분모로 나누고 나머지가 있으므로 분수로 표시하여 16으로 약분한다.

〔별해: 200을 실로 하고 32를 염법으로 하는 평방을 푼다.

별해: 염법으로 실을 나누면 $6\frac{1}{4}$자이다. 가분수로 고치면 분자는 25이고, 또 분모는 4이다. 제곱근을 구하여 각각 5와 2를 얻어 나누면 지름이다.〕

積通內一百五十七 二百之〔二百卽徑五十與四段相因者〕 三萬一千四百 一百五十七而一 二百分母三十二之六千四百 開方八十 又分母而一 餘各十六約之 〔又術二百爲實 三十二爲廉開之◯又術廉除實得六尺四分尺之一 通內二十五又分母四 開方得二報除得徑〕

☞ 역자 주: $S=4\frac{29}{32}$일 때, $d^2=\frac{4S}{\pi}=4\times\frac{157}{32}\times\frac{50}{157}=\frac{200}{32}=\frac{25}{4}$이므로 $d=\frac{5}{2}$이다.

〔1-14-2-3〕 원의 둘레를 알고 넓이를 구하는 것(平周求積)

둘레를 가분수로 고쳐 분자 157을 제곱하면 24649이다. 25를 곱하면 〔25는 바로 반지름의 비율이다. 지름의 비율이 50일 때 둘레의 비율이 157이므로 4배하면 628이다.〕 616225이다. 분모를 제곱하여

400을 314에 곱하면 〔둘레의 반의 비율은 78.5이고 이것을 4배한 것이다.〕 125600을 얻어 나누면 분수로 고쳐 3925로 약분하여 원의 넓이를 얻는다.

〔별해: 반지름 $1\frac{1}{4}$자와 둘레의 반인 $3\frac{37}{40}$자를 각각 가분수로 고쳐 분자를 곱하고 분모를 서로 곱한 160으로 나누면 원의 넓이이다.
별해: 둘레와 지름을 각각 가분수로 고쳐 분자를 서로 곱하고 다시 두 분모를 서로 곱한 40에 4를 곱한 160으로 나누면 원의 넓이를 얻는다.〕

周通内一百五十七 自之二萬四千六百四十九 二十五之〔二十五卽半徑率也○如用全徑率五十段則當以全周率一百五十七乘四段得六百二十八之數〕 六十一萬六二二五 以分母冪四百乘三百一十四段〔半周率七十八段半與四段相乘者〕得一十二萬五千六百而一 餘以三千九百二十五約之〔又術半徑一尺四分尺之一 半周三尺四十分尺之三十七 各通内相乘 一百六十分母相乘而一○又術周徑各通内相乘 又分母相乘四十因四段 得一百六十而一得積〕

☞ 역자 주: $l=7\frac{17}{20}$일 때, $S=\frac{l^2}{4\pi}=(\frac{157}{20})^2\times\frac{1}{4}\times\frac{50}{157}=(\frac{157}{20})^2\times\frac{25}{314}$로 구한 것이다.

〔1-14-2-4〕 원의 넓이를 알고 둘레를 구하는 것(平積求周)
넓이를 가분수로 고쳐 분자 157에 314를 곱하면 49298이고 25로 나누면 1971.92[80]이다. 분모 32를 곱하면 63101.44이고 제곱근을 구하면 251.2이다. 다시 32로 나누어 분모와 분자를 각각 한 자리씩 올리면[81] 소수점이 없어지고 16으로 약분하여 원둘레를 얻는다.
〔별해: 49298 이전과 이후의 분모를 서로 곱한 800을 곱하면 39438400[82]이고 제곱근을 구하면 6280이다. 다시 800으로 나누어 분수로 나타내어 40으로 약분하면 원둘레이다. 전과 후의 분모는

80) 당시 소수점 표시법이 없었으므로 본문에는 一千九百七一九二로 되어있다. 읽을 때 주의하여야 한다. 이하 마찬가지이다.
81) 즉 분모와 분자에 각각 10을 곱하는 것이다.
82) 본문에는 空空이 빠져 있다.

49298을 얻었을 때 25로 나누면 $1971\frac{23}{25}$자이므로 가분수로 고쳐 분자 49298이고 이전 분모 32에 후 분모 25를 곱하여 800이다.
별해: 1971.92를 실로 하고 32를 염법으로 하는 평방을 풀면 원의 둘레이다.
별해: 49298을 실로 하고 800을 염법으로 하는 평방을 푼다.
별해: 32로 1971.92를 나누면 $61\frac{249}{400}$이다. 가분수로 고쳐 분자 24649의 제곱근을 구하면 157이다. 분모의 제곱근을 구하면 20이므로 나누면 원의 둘레이다.
별해: 800으로 49298을 나누면 $61\frac{249}{400}$이다. 가분수로 고쳐 분자 24649의 제곱근을 구하면 157을 얻고 다시 분모의 제곱근을 구하면 20을 얻어, 나누면 원의 둘레이다.]
積通内一百五十七 三百一十四之 四萬九二九八 二十五而一 一千九百七一九二 分母三十二之 六萬三一空一四四 開方得二百五一二又三十二而一 餘各進一位十六約之〔又術四萬九二九八以前後分母相乘八百乘之 三千九百四十三萬八四 開方六千二百八十 又八百而一 餘各四十約之 前後分母者 得四萬九二九八後當二十五而一 得一千九百七十一尺二十五分尺之二十三 通内還得四萬九二九八 故以前分母三十二後分母二十五相乘得八百◯又術以一千九百七一九二爲實 三十二爲廉開之◯又術四萬九二九八爲實 八百爲廉開之◯又術三十二除一千九百七一九二得六十一分四百分分之二百四十九 通内二萬四六四九平方開得一百五十七 又分母開方二十報除◯又術八百除四萬九二九八 得六十一分四百分分之二百四十九 通内二萬四六四九 平方開得一百五十七 又分母開方得二十報除〕

☞ 역자 주: $S=4\frac{29}{32}$일 때 $l^2=4\pi S=4\times\frac{157}{50}\times\frac{157}{32}=\frac{314}{25}\times\frac{157}{32}$이다. 여기서 l를 다음과 같이 계산한 것이다. $l=\frac{\sqrt{\frac{314\times157}{25}\times32}}{32}$

〔1-14-2-5〕 원의 지름을 알고 둘레를 구하는 것(平徑求周)
원의 지름을 가분수로 고쳐 분자 5에 157을 곱하면 785이다. 다시 50에 분모 2를 곱한 수 100을 얻어 이 수로 나누면 분수로 나타내어 5로 약분하여 원의 둘레이다.
徑通内五 一百五十七之七百八十五 又五十乘分母二得一百而一 餘各五約之

☞ 역자 주: 지름 $\frac{5}{2}$에 원주율 $\frac{157}{50}$을 곱하여 얻는다.

〔1-14-2-6〕 원 둘레를 알고 지름을 구하는 것(平周求徑)
원 둘레를 가분수로 고쳐 분자 157에 50을 곱하면 7850이고 157로 나누면 50이다. 다시 분모 20으로 나누어 분수로 나타내어 10으로 약분하면 원의 지름이다.
周通内一百五十七 五十之七千八百五十 一百五十七而一五十 又分母二十而一 餘各十約之

☞ 역자 주: 원둘레 $7\frac{17}{20}=\frac{157}{20}$을 원주율 $\frac{157}{50}$로 나눈다. 즉, $\frac{157}{20}\times\frac{50}{157}=\frac{5}{2}$

〔1-14-2-7〕 구의 지름을 알고 부피를 구하는 것(立徑求積)
지름을 가분수로 고쳐 분자 5를 세제곱하면 125이다. 24649를 곱하면 3081125이고, 분모를 세제곱하면 8이고 여기에 40000을 곱하면 320000이 되어 이 수로 나누어 얻은 분수를 125로 약분하여 부피를 얻는다.
徑通内五 再自之一百二十五 二萬四千六百四十九之 三百空八萬一一二五 以分母再乘八 乘四萬段得三十二萬而一 餘各一百二十五約之

☞ 역자 주: $d=\frac{5}{2}$, $\pi^2=\frac{157^2}{50^2}=\frac{24649}{2500}$이므로 다음과 같이 구한 것이다.

$$V=\frac{d^3\times\pi^2}{16}=\frac{5^3\times24649}{2^3\times16\times2500}$$

〔1-14-2-8〕 구의 부피를 알고 지름을 구하는 것(立積求徑)

부피를 가분수로 고쳐 분자 24649에 40000을 곱하면 985960000이다. 이것을 24649로 나누면 40000이다. 분모를 제곱하여 6553600[83])을 곱하면 262144000000이고 세제곱근을 구하면 6400이다. 분모 2560으로 나누어 분수로 나타내어 1280으로 약분하면 구의 지름이다.

〔별해: 40000을 실로 하고 분모를 우법으로 하는 입방을 풀면 지름이다.

별해: 분모로 40000을 나누면 $15\frac{5}{8}$자이다. 가분수로 고쳐 분자 125의 세제곱근을 구하면 5자이다. 다시 분모의 세제곱근을 구하면 2이고 나누면 구의 지름이다.〕

積通内二萬四六四九 又四萬之九億八千五百九十六萬 又二萬四六四九而一得四萬 以分母冪六百五十五萬三六乘之二千六百二十一億四千四百空空萬開立方六千四百 以分母二千五百六十而一 餘一千二百八十約之〔又術四萬爲實 分母爲隅立方開之◯又術分母除四萬 得一十五尺八分尺之五 通内一百二十五 開立方得五 又分母開立方得二 報除〕

☞ 역자 주: $V=9\frac{1609}{2560}=\frac{24649}{2560}$ 이므로 다음이 성립한다.

$$d^3=\frac{16V}{\pi^2}=\frac{24649}{2560}\times\frac{16\times2500}{24649}=\frac{40000}{2560}$$

세제곱근을 다음과 같이 구한 것이다. $d=\frac{\sqrt[3]{40000\times2560^2}}{2560}$

〔1-14-2-9〕 구의 둘레를 알고 부피를 구하는 것(立周求積)

구의 둘레를 가분수로 고치면 분자는 157이고 세제곱하면 3869893

83) 본문에 空空이 빠져 있다.

이다. 25를 곱하여 96747325이다. 분모를 세제곱하여 8000이고 1256을 곱하면 10048000이 되어 이것으로 나누어 분모와 분자를 각각 3925로 약분하면 구의 부피이다.
周通内一百五十七 再自之三百八十六萬九八九三 二十五之九千六百七十四萬七三二五 又分母再乘八千 乘一千二百五十六段 得一千空空四萬八千而一 餘各三千九百二十五約之

☞ 역자 주: $V=\frac{l^3}{16\pi}=(\frac{157}{20})^3\times\frac{50}{16\times157}=\frac{157^3\times25}{20^3\times1256}$ 으로 계산한 것이다.

〔1-14-2-10〕 구의 부피를 알고 둘레를 구하는 것(立積求周)
부피를 가분수로 고쳐 분자 24649에 다시 1256을 곱하면 30959144이고 25로 나누면 1238365.76이다. 분모를 제곱하여 6553600[84]을 곱하면 8115753844736이다. 세제곱근을 구하면 20096이다. 분모로 나누어서 각각 128로 약분하면 구의 둘레이다.
〔별해: 30959144에 전의 분모를 제곱한 수 6553600과 후의 분모 25를 제곱한 수 625를 서로 곱한 수 4096000000를 곱하면 126808653824000000이다. 세제곱근을 구하면 502400이다. 전과 후의 분모를 서로 곱한 수 64000으로 나누어 분모와 분자를 각각 3200으로 약분하면 구의 둘레이다.
별해: 1238365.76을 실로 하고 분모를 우법으로 하는 입방을 풀면 구의 둘레이다.
별해: 30959144를 실로 하고 6400을 우법으로 하는 입방을 푼다.
별해: 분모로 1238365.76을 나누면 $483\frac{5893}{8000}$이다. 가분수로 고쳐 분자 3869893의 세제곱근을 구하면 157을 얻고 분모 8000의 세제곱근을 구하면 20을 얻어 나누면 구의 둘레이다.
별해: 64000으로 30959144를 나누면 $483\frac{5893}{8000}$이다. 가분수로 고쳐 분자의 세제곱근을 구하고 다시 분모의 세제곱근으로 나누면 구의 둘

84) 본문에는 空空이 빠져있다.

레이다.]

積通内二萬四六四九 又一千二百五十六之 三千空九十五萬九一四四 又二十五而一 得一百二十三萬八千三百六五七六 又以分母冪六百五十五萬三六乘之 八萬一千一百五十七億五千三百八十四萬四七三六 開立方二萬空空九十六 以分母而一 餘各一百二十八約之 〔又術三千空九十五萬九一四四 以前分母冪六百五十五萬三六 乘後分母冪六百二十五 得四十空億九千六百萬乘之 一十二兆六千八百空八萬六千五百三十八億二千四百萬 開立方五十空萬二四[85] 以前後分母相乘六萬四千而一 餘各三千二百約之◯又術一百二十三萬八三六五七六爲實 以分母爲隅開之◯又術以三千空九十五萬九一四四爲實六萬四千爲隅開之◯又術分母除一百二十三萬八三六五七六 得四百八十三尺八千分尺之五千八百九十三 通内三百八十六萬九八九三 開立方得一百五十七 又分母八千開立方得二十報除◯又術六萬四千除三千空九十五萬九一四四得四百八十三尺八千分尺之五千八百九十三 通内開立方 又分母開方報除]

☞ 역자 주: $l^3=16\pi V=16\times\frac{157}{50}\times\frac{24649}{2560}=\frac{\frac{1256\times24649}{25}}{2560}$ 의 세제곱근을 구하기 위해 앞에서와 마찬가지로 분자에 분모의 제곱을 곱하여 세제곱근을 구한 다음 분모로 나누어준다.

[1-14-3] 밀률[86] (密率)

[지금 밀률에 의해 참값을 바로 잡은 것을 아래에서 볼 수 있다.]

원의 지름 $2\frac{1}{2}$자

둘레 $7\frac{6}{7}$자

원의 넓이 $4\frac{51}{56}$자

구의 부피 $9\frac{1013}{1568}$자

[今依密率眞數攷正見下]

---

85) 空空이 빠져있다.

86) 원주율을 22/7로 한다.

圓徑二尺二分尺之一
周七尺七分尺之六
平積四尺五十六分尺之五十一
立積九尺一千五百六十八分尺之一千空一十三

☞ 역자 주: 조충지가 계산한 원주율로 약률 $\frac{22}{7}$과 밀률 $\frac{355}{113}$이 있다. 따라서 여기서의 원주율은 엄밀하게 말하면 밀률이 아니라 약률에 해당한다. ([1-15] 참조)

〔1-14-3-1〕 원의 지름을 알고 원의 넓이를 구하는 것(平徑求積)
지름을 가분수로 고쳐 분자 5를 제곱하면 25이고 22를 곱하여 550이다. 112로 나누어 〔분모를 제곱하여 28을 곱한 수이다. 28은 바로 지름의 비율 7에 4를 곱한 것이다.〕 분수로 나타내어 분모와 분자를 2로 약분하면 원의 넓이이다. 〔밀률에 의해 지름을 알고 원의 넓이를 구하는 것은 지름을 제곱하고 다시 11을 곱한 다음 14로 나누면 된다.
徑通内五 自之二十五二十二之五百五十 一百一十二而一〔分母冪乘二十八段之數 二十八卽徑七與四段相因者〕 餘各半之 〔密徑求積 以徑自乘 又十一乘之 十四而一〕

☞ 역자 주: 이하 밀률 $\frac{22}{7}$에 의한 계산은 [1-14-2]의 휘술 $\frac{157}{50}$에 의한 계산과 원주율만 바뀌었을 뿐 마찬가지이다.

〔1-14-3-2〕 원의 넓이를 알고 지름을 구하는 것(平積求徑)
원의 넓이를 가분수로 고쳐 분자 275에 28을 곱하면 〔28은 바로 지름의 비율 7을 4배한 수이다.〕 7700이고, 22로 나누어 350이다. 분모를 곱한 19600의 제곱근을 구하면 140이고 다시 분모로 나누어 분수로 나타내어 분모와 분자를 28로 약분하면 원의 지름이다.
〔별해: 350을 실로, 분모를 염법으로 하는 평방을 푼다.
별해: 14로 실과 염법을 약분하면 실은 25이고 염법은 4가 되어 평방

을 풀면 더욱 빠르다.

별해: 분모로 350을 나누면 $6\frac{1}{4}$자이다. 가분수로 고쳐 분자 25의 제곱근 5를 얻고 다시 분모 4의 제곱근 2로 나눈다.]

積通內二百七十五 又二十八之〔二十八卽徑七與四段相因者〕七千七百 二十二而一三百五十 分母乘之一萬九千六百 開方一百四十 又分母而一 餘各二十八約之〔又術三百五十爲實 分母爲廉開之◯又術一十四約實廉 實二十五廉四開之尤捷◯又術分母除三百五十 得六尺四分尺之一 通內二十五開方五又分母四開方得二報除〕

〔1-14-3-3〕 원의 둘레를 알고 넓이를 구하는 것(平周求積)

둘레를 가분수로 고쳐 분자 55를 제곱하면 3025이다. 7을 곱하면 〔7은 지름의 비율이다.〕 21175이다. 다시 4312로 나누어 〔분모의 제곱에 88을 곱한 수이다. 88은 둘레의 비율에 4를 곱한 것이다.〕 분수로 나타내어 각각 77로 약분하면 원의 넓이이다.

〔별해: 둘레와 지름을 각각 가분수로 고쳐 분자를 서로 곱하고 다시 두 분모를 서로 곱한 14를 4배하여 56을 얻어 이것으로 나누면 원의 넓이를 얻는다.

별해: 반지름 $1\frac{1}{4}$자와 둘레의 반인 $3\frac{13}{14}$자를 각각 가분수로 고쳐 분자를 서로 곱하고 분모를 서로 곱한 56으로 나누면 원의 넓이이다.〕

周通內五十五自之三千空空[87]二十五七之〔七徑率也〕二萬一千一百七十五又四千三百一十二而一〔分母冪乘八十八段之數 二十八[88]周率二十二與四段相乘者也〕餘各七十七約之〔又術周徑各通內相乘 又分母相乘十四因四段得五十六而一 得平積 又又術半徑一尺四分尺之一 半周三尺十四分尺之十三各通內相乘五十六分母相乘而一 得平積〕

〔1-14-3-4〕 원의 넓이를 알고 둘레를 구하는 것(平積求周)

---

87) 空을 하나 없애야 한다.

88) 二十八은 八十八로 고쳐야 한다.

넓이를 가분수로 고쳐 분자 275에 88을 곱하여 24200이고 분모 56을 곱하여 1355200이다.[89] 7로 나누어 193600이고 제곱근을 구하여 440이며 다시 분모로 나누어 분수로 나타내어 각각 8로 약분한다. 〔88을 곱하여 얻은 수는 먼저 7을 써서 나눈 다음 분모를 곱하여 7로 나누었다. 나누어 떨어지지 않으면 다시 통분하는 번거로움이 있으므로 따라서 먼저 분모를 곱한 다음 7로 나누었다.(7로 나누어 떨어지지 않을 때 통분하는 방법은 다음에 있다.) 7로 나누어 떨어지지 않으므로 가분수로 고치면 분자는 24200이다. 전·후의 분모를 서로 곱하여 392를 곱하면 9486400이고 제곱근을 구하여 3080이다. 392로 나누어 분수로 나타내어 각각 56으로 약분한다.

별해: 1355200을 실로 하고 7을 염법으로 하는 평방을 풀면 440이다. 56으로 나누면 원의 둘레이다.

별해: 24200을 전·후의 분모를 서로 곱하여 392로 나누면 $61\frac{36}{49}$자이다. 가분수로 고쳐 분자 3025의 제곱근을 구하면 55이다. 다시 분모의 제곱근 7로 나누면 원의 둘레이다.

별해: 24200을 실로 하고 392를 염법으로 하는 평방을 풀면 $7\frac{208}{245}$이다. 이 수를 개방술에 의하여 환원한 다음 넓이를 구하여 보자. 즉, 둘레를 가분수로 고쳐 분자 1923을 제곱하면 3697929이다. 분모에서 분자를 빼어 나머지를 분자에 곱하면 7696이고 이것을 위의 수에 더하여 3705625이다. 다시 7을 곱하여 25939375이다. 분모를 제곱하여 88을 곱하여 5282200을 얻어 이 수로 나누어 분수로 고쳐 분모, 분자를 94325로 약분하여 원의 넓이이다.〕

積通內二百七十五　八十八之二萬四千二百　分母五十六之一百三十五萬五二[90]　七而一得一十九萬三千六百　開方四百四十　又分母而一餘各八約之〔八十八之得數當先用七除次以分母乘之而用七除之 除不盡又有通分之繁 故先用分母乘之而後用七除也(七除不盡通分之術如左)○七除不盡 通內還得二萬四二[91]　以前後分母相乘三百九十二乘之九百四十八萬六四[92]　開方三千

89) 본문에는 空空이 빠져있다.
90) 空空이 빠져있다.
91) 空空이 빠져있다.
92) 空空이 빠져있다.

空八十 以三百九十二而一 餘各五十六約之◯又術一百三十五萬五二[93]爲實七爲廉開方得四百四十 以五十六而一◯又術二萬四二[94]以前後分母相乘 三百九十二除之 得六十一尺四十九分尺之三十六 通內得三千空二十五 開方二十五[95] 又分母開方得七報除◯又術二萬四二[96]爲實 三百九十二爲廉開之得七尺二百四十五分尺之二百空空[97]八 此數依開方母子還原求積 則周通內一千九百二十三 自之三百六十九萬七九二九 子減母餘乘子 得七千六百九十六 併上得三百七十空萬五六二五 又七之二千五百九十三萬九三七五 又以分母冪乘八十八段 得五百二十八萬二千二百而一 餘各九萬四千三百二十五約之]

〔1-14-3-5〕 원의 지름을 알고 둘레를 구하는 것(平徑求周)
원의 지름을 가분수로 고쳐 분자 5에 22를 곱하면 110이다. 분모 2에 지름의 비율 7을 곱하여 14이고 이것으로 나누어 각각 2로 약분하면 원의 둘레이다.
徑通內五 二十二之一百一十 分母二乘徑七得一十四而一 餘各半之

〔1-14-3-6〕 원 둘레를 알고 지름을 구하는 것(平周求徑)
원 둘레를 가분수로 고쳐 분자 55에 7을 곱하면 385이고 다시 22를 분모 7에 곱하여 얻은 수 154로 나누어 각각 77로 약분하여 원의 지름을 얻는다.
周通內五十五 七之三百八十五 又二十二乘分母七 得一百五十四而一 餘各七十七約之

〔1-14-3-7〕 구의 지름을 알고 부피를 구하는 것(立徑求積)
지름을 가분수로 고쳐 분자 5를 세제곱하면 125이다. 484를 곱하면

93) 空空이 빠져있다.
94) 空空이 빠져있다.
95) 二十五를 五十五로 고쳐야 한다.
96) 空空이 빠져있다.
97) 空이 하나 빠져야 한다.

60500이다. 분모를 세제곱하고 784를 곱하여 얻은 수 6272로 나누어 분모와 분자를 각각 4로 약분하면 구의 부피이다.
徑通內五 再自之一百二十五 四百八十四之六萬空五百 分母再乘 乘七百八十四段得六千二百七十二而一 餘各四約之

〔1-14-3-8〕 구의 부피를 알고 지름을 구하는 것(立積求徑)
부피를 가분수로 고쳐 분자 15125에 784를 곱하여 11858000이고 다시 484로 나누어 24500이다. 분모의 제곱 2458624를 곱하면 60236288000이다. 이것을 실로 하여 세제곱근을 구하면 3920이다. 이것을 분모로 나누어 분수로 나타내어 각각 784로 약분하여 구의 지름을 얻는다.
〔별해: 24500을 실로 하고 분모를 우법으로 하는 입방을 푼다.
별해: 분모로 24500을 나누어 나머지를 196으로 약분하여 $15\frac{5}{8}$자를 얻는다. 가분수로 고쳐 분자 125의 세제곱근을 구하면 5자이다. 다시 분모 8의 세제곱근을 구하면 2이고 나누면 구의 지름이다.〕
積通內一萬五一二五 又七百八十四之 一千一百八十五萬八千 又四百八十四而一 二萬四千五百 以分母冪二百四十五萬八六二四乘之 六百空二億三千六百二十八萬八千爲實 開立方三千九百二十 又以分母而一 餘各七百八十四約之〔又術一萬四千五百98)爲實 分母爲隅立方開之◯又術分母除二萬四五99) 餘各一百九十六約之 得一十五尺八分尺之五 通內得一百二十五 開立方五 分母八開立方得二報除〕

〔1-14-3-9〕 구의 둘레를 알고 부피를 구하는 것(立周求積)
구의 둘레를 가분수로 고쳐 분자 55를 세제곱하면 166375이고 다시 7을 곱하여 1164625이다. 또 분모를 세제곱하고 352를 곱하여 얻은 120736으로 나누어 분수로 나타내어 77로 약분하면 구의 부피이다.
周通內五十五 再自之一十六萬六三七五 七之一百一十六萬四六二五 又分母

98) 본문의 一萬四千五百은 二萬四千五百으로 고쳐야 한다.
99) 空空이 빠져있다.

再乘乘三百五十二段 得一十二萬空七三六而一 餘各七十七約之

〔1-14-3-10〕 구의 부피를 알고 둘레를 구하는 것(立積求周)
부피를 가분수로 고쳐 분자 15125에 352를 곱하면 5324000이다. 분모를 제곱한 수 2458624를 곱하여 13089714176000이고 7로 나누면 1869959168000이다. 세제곱근을 구하여 12320을 얻고 이것을 분모 1568로 나누어 분수로 나타내어, 각각 224로 약분하면 구의 둘레이다. 〔352를 곱하여 얻은 수는 7로 나누어 떨어지지 않는다. 가분수로 고쳐 분자 5324000을 얻고, 전의 분모의 제곱 2458624와 후 분모의 제곱 49를 차례로 서로 곱하여 120472576을 얻어 이것을 곱하면 641395994624000이다. 세제곱근을 구하면 86240이다. 다시 전·후의 분모를 곱하여 10976으로 나누어 각각 1568로 약분하면 된다.
별해: 13089714176000을 실로, 7을 우법으로 하는 입방을 풀면 12320이다. 이것을 분모로 나누면 구의 둘레이다.
별해: 532400을 전·후 분모를 서로 곱한 10976으로 나누면 $485\frac{20}{343}$자이다. 가분수로 고쳐 분자 166375의 세제곱근을 구하면 55이다. 다시 분모의 세제곱근을 구하면 7이 되어 나누면 된다.〕
積通內一萬五一二五 又三百五十二之 五百三十二萬四千 以分母冪二百四十五萬八六二四乘之 一十三萬空八百九十七億一千四百一十七萬六千 又七而一 一萬八千六百九十九億五千九百一十六萬八千 開立方一萬二千三百二十 又以分母一千五百六十八除之 餘各二百二十四約之〔三百五十二之得數 七而一除不盡 通內還得五百三十二萬四千 以前分母冪二百四十五萬八六二四後分母冪四十九相乘 一億二千空四十七萬二五七六乘之 六百四十一萬三千九百五十九億九千四百六十二萬四千 開立方得八萬六二四100) 又以前後分母一萬空九百七十六而一 餘各一千五百六十八約之○又術一十三萬八百九十七億一千四百一十七萬六千爲實 七爲隅開立方 一萬二千三百二十 以分母而一○又術五百三十二萬四千 以前後分母相乘一萬空九百七十六除之 得四百八十五尺三百四十三分尺之二十 通內一十六萬六三七五 開立方得五十五 又

100) 空이 빠져있다.

分母開立方得七 報除]

〔1-15〕 조충지원산(祖冲之圓算)

〔고원과 휘원[101]에서의 지름, 둘레, 원의 넓이, 구의 부피를 구하는 비율을 조금 번거롭게 개정할 것 없이 다만 조씨의 법을 써서 구하는 비율과 구의 부피를 열거하고 별도로 〈수리정온〉에 의하면 다음과 같다.]
둘레나 지름을 알고 원의 넓이를 구할 때는 둘레나 지름을 각각 제곱하고 원의 넓이의 정률을 곱하고 정사각형의 넓이의 정률로 나눈다. 넓이를 알고 둘레와 지름을 구할 때는 반대의 방법을 사용한다.
둘레나 지름을 알고 구의 부피를 구할 때는 둘레나 지름을 세제곱하고 구의 부피의 정률을 곱하고 정육면체의 부피의 정률로 나눈다. 부피를 알고 둘레와 지름을 구할 때는 반대의 방법을 사용한다.
〔古圓微圓徑周平立積相之率今不須追煩改正　只用祖氏法列其相求之率而球積 一款另依精蘊如左〕
如以周徑求平圓積 則周徑各自乘 以圓積定率乘之 以方積定率除之 卽其所求以積求周徑反用
如以周徑求立球積 則周徑各再乘 以球積定率乘之 以方積定率除之 卽其所求以積求周徑反用

〔1-15-1〕 제1밀법〔본수〕[102] (第一密法〔本數〕)

〔무릇 1자는 10제곱치, 즉 100치이다. 세제곱, 즉 1000치이다. 그 치분 이하는 모두 이와 같이 한다. 무릇 곱셈과 나눗셈은 서로 반대이고 제곱과 제곱근은 서로 반대이고 세제곱과 세제곱근은 서로 반대이다.]

원의 지름 1자〔제곱평방〕
　　원의 넓이 정률 78치 53981625
　　정사각형의 넓이 정률 100치

101) 앞의 '원율삼가'에서 보았듯이, 조선시대의 산서에서는 원주율을 크게 3가지로 다룬다. 고법, 휘술, 밀률이 그것이다. 이에 따라 원을 고원, 휘원, 밀원으로 칭하는 것은 원주율로서 각각 고법, 휘술, 밀률을 고려함을 뜻한다.
102) 조충지가 계산한 원주율로, 3.14159265를 말한다.

〔평방, 즉 1자, 10치를 제곱한 것이다.〕

원의 둘레 3자 14159265 〔제곱평방〕

원의 넓이 정률 78치 53981625

정사각형의 넓이 정률 986치 96043785340225 〔평방〕

구의 지름 1자〔세제곱입방〕

구의 부피 정률 523치 598775

정육면체의 부피 정률 1000치

〔입방, 즉 1자, 10치 세제곱한 것이다.〕

구의 둘레 3자 14159265 〔세제곱입방〕

구의 부피 정률 523치 598775

정육면체의 부피 정률 31006치 276574010302860934625

〔입방〕

〔凡一尺十寸平方則百寸 立方則千寸 其寸分以下並倣此 凡乘與除相反 自乘與開平方相反 再乘與開立方相反〕

平徑一尺〔自乘平方〕

圓積定率七十八寸五三九八一六二五

方積定率一百寸〔平方卽一尺十寸自乘者〕

平周三尺一四一五九二六五〔自乘平方〕

圓積定率七十八寸五三九八一六二五

方積定率九百八十六寸九六空四三七八五三四空二二五〔平方〕

立徑一尺〔再乘立方〕

球積定率五百二十三寸五九八七七五

方積定率一千寸〔立方卽一尺十寸再乘者〕

立周三尺一四一五九二六五〔再乘立方〕

球積定率五百二十三寸五九八七七五

方積定率三萬一千空空六寸二七六五七四空一空三空二八六空九三四六二五〔立方〕

〔1-15-2〕 제2밀률〔준수〕[103] (第二密率〔準數〕)

---

103) 밀률은 355/113으로 밀법(본수)에 가까운 근사값이라는 의미에서 준수라 하였다.

〔<수리정온>에 구의 부피를 구할 때 먼저 원의 넓이를 구하고 여기에 지름을 곱하여 장원104)의 부피로 하고 2배하고 2로 나누어105) 이 새로운 비율을 얻는다. 다시 구의 겉넓이를 구하려면 둘레와 지름을 서로 곱하면 바로 얻는다.〕

원의 지름 113자〔제곱평방〕

원의 넓이 정률 10028자 75치

정사각형의 넓이 정률 12769자 〔평방〕

원의 둘레 355자 〔제곱평방〕

원의 넓이 정률 10028자 75치

정사각형의 넓이 정률 126025자 〔평방〕

구의 지름 113자〔세제곱입방〕

구의 부피 정률 755499자 167치

정육면체의 부피 정률 1442897자 〔입방〕

구의 둘레 355자 〔세제곱입방〕

구의 부피 정률 755499자 167치

정육면체의 부피 정률 44738875자 〔입방〕

〔精蘊求立圓體積　先求平圓面積乘徑爲長圓體積　二因二歸得所求此新率也又求立圓外面皮積 以周與徑相乘卽得〕

平徑一百一十三尺 〔自乘平方〕

圓積定率一萬空空二十八尺七十五寸

方積定率一萬二千七百六十九尺 〔平方〕

平周三百五十五尺 〔自乘平方〕

圓積定率一萬空空二十八尺七十五寸

方積定率一十二萬六千空二十五尺 〔平方〕

立徑一百一十三尺 〔再乘立方〕

球積定率七十五萬五千四百九十九尺一百六十七寸

方積定率一百四十四萬二千八百九十七尺 〔立方〕

立周三百五十五尺 〔再乘立方〕

---

104) 원의 넓이에 지름을 곱하여 부피를 구하므로, 곧 밑면이 원이고 높이가 지름인 원기둥에 해당함을 알 수 있다.

105) 구의 부피는 외접 원기둥의 2/3이므로 2가 아니라 3으로 나누어야 한다.

球積定率七十五萬五千四百九十九尺一百六十七寸
方積定率四千四百七十三萬八千八百七十五尺〔立方〕

〔1-15-3〕 제3약률〔약수〕106)（第三約率〔約數〕）
원의 지름 7자〔제곱평방〕
원의 넓이 정률 38자 50치
정사각형의 넓이 정률 49자〔평방〕
원의 둘레 22자〔제곱평방〕
원의 부피 정률 38자 50치
정사각형의 넓이 정률 484자〔평방〕
구의 지름 7자〔세제곱입방〕
구의 부피 정률 179자 667치
정육면체의 부피 정률 343치〔입방〕
구의 둘레 22자〔세제곱입방〕
구의 부피 정률 179자 667치
정육면체의 부피 정률 10648자〔입방〕
平徑七尺〔自乘平方〕
圓積定率三十八尺五十寸
方積定率四十九尺〔平方〕
平周二十二尺〔自乘平方〕
圓積定率三十八尺五十寸
方積定率四百八十四尺〔平方〕
立徑七尺〔再乘立方〕
球積定率一百七十九尺六百六十七寸
方積定率 三百四十三尺〔立方〕
立周二十二尺〔再乘立方〕
球積定率一百七十九尺六百六十七寸
方積定率一萬空六百四十八尺〔立方〕

---
106) 간편하게 사용하기 위해 22/7로 정한 것이다.

〈수지〉에 말하였다. 고대의 구수는 원주율을 3으로 원의 지름의 비율을 1로 하여 그 방법이 참값에 미치지 못하였다. 그 후 유흠부터 시작하여 장형, 유휘, 왕번, 피연종의 무리들이 각각 새로운 비율을 만들어 냈으나 절충에 이르지 못하였다. 송나라[107] 말에 남서주의 종사로 있던 조충지가 다시 밀법을 만들었다. 원의 지름 1억을 1장의 비율로 할 때 원의 둘레는 큰 수 3장 1자 4치 1푼 5리 9호 2초 7홀과 작은 수 3장 1자 4치 1푼 5리 9호 2초 6홀의 사이에 그 정확한 수가 있다고 하였다. 밀률은 원의 지름이 113일 때 원의 둘레가 355의 비율이고 약률은 원의 지름이 7일 때 원의 둘레가 22의 비율이라고 하였다. 또한 개차멱과 개차립의 셈법을 만들고 거기에 정부를 참조하여 가장 정밀한 계산으로 인정되었다. 그가 펴낸 책이름을 〈철술〉이라 하였으나 학문하는 사람이나 관청의 관리들이나 모두 너무나 이론이 심오하여 도저히 알 수 없어 그러한 이유로 없어져서 다루어지지 못하였다.[108]

隋志曰古之九數圓周率三圓徑率一 其術疏舛 自劉歆張衡劉徽王蕃皮延宗之徒 各設新率未臻折衷 宋末南徐州從事祖沖之更開密法 以圓徑一億爲一丈圓周盈數三丈一尺四寸一分五厘九毫二秒七忽 朒數三丈一尺四寸一分五厘九毫二秒六忽 正數在盈朒二限之間 密率圓徑一百一十三圓周三百五十五 約率圓徑七周二十二 又設開差冪開差立廉 以正負參之指要精密算氏之最者也 所著之書名爲綴術 學官莫能究其深奧是故廢而不理[109]

밀법이란 것을 살펴보면 조씨가 만든 수이다. 큰 수와 작은 수는 1홀에서 결정되니 지금 두 한계의 수를 합하여 2로 나누어 그 중간의 수를 취하면 3장 1자 4치 1푼 5리 9호 2초 6홀 반이다.[110] 이것이 이른바 원둘레의 정수라는 것이다. 밀률은 밀법에 맞추어 쓰는 비율이니 시험삼아 지름으로 둘레를 나누면 3장 1자 4치 1푼 5리 9호 2초 9홀 2미[111]를 얻어 밀법과 비교하여 보면 홀, 미에서 차이가 있어 밀법이 더

107) 여기서 말하는 송나라는 남북조 시대에 유유(劉裕)가 세운 송나라(420~479)를 말한다.
108) 현재 조충지가 저술한 <철술>은 실전되었다.
109) 여기까지는 <수지>에 있는 말이고 다음은 저자 황윤석의 말이다.
110) <수지>에 있는 대로, 상한이 3.1415927, 하한이 3.1415926이므로 그 중간값 3.14159265를 근사값으로 사용하는 것으로 상당히 정밀한 근사값임을 알 수 있다.
111) 355/115를 계산하여 얻은 값이다.

가까운 값이다. 약률은 역시 본이 밀법이라고는 하나 근접한 값을 잡아 간략하고 손쉽게 만든 것이다. 밀법과 비교하면 푼, 리에서부터 차이가 생겨 밀법과는 상당히 먼 거리가 있다. 고원의 여러 비율보다는 우수하다고 할 수 있으나 밀법과 밀률의 정밀함에는 끝내 미치지 못한다. 그러나 홀로 그 수가 간략하여 쓰기 편하여 주세걸의 〈산학계몽〉이나 팽로숙의 〈황종산법〉이 성리대전에서 볼 수 있는 것은 모두 다 편리함을 좋아하여 사용하면서 그 본이 밀법이라 역시 밀률이라고 이야기하며 믿고 있으나 모르고 있는 것이다. 사실은 약률은 밀률이 아니다. 수학은 하나의 예이나 위·아래 천년동안 그 능히 잘 아는 사람이 어쩌면 그리도 없는가? 따라서 나는 밀률의 참다운 수를 앞으로 올 후학에게 말하고자 한다. 거기에 말하는 개차멱의 방법은 개평방법이고 개차립의 방법은 개입방법이니 후에 다시 알 수 있다. 청나라 강희 황제가 어명을 내려 만든 〈수리정온〉의 원법은 조씨 및 원나라 사람 조우흠과 서양법을 절충한 것이다. 그 지름이 2천만이면 둘레는 62831853의 비율이고 지름과 둘레의 반을 잡으면 바로 밀법의 본수이며, 이로써 서로 곱하여 원의 넓이를 구하면 대단히 빠르다.

다시 고, 휘, 밀 세 가지의 비율을 생각하여보면 서로 다르기 때문에 넓이도 역시 서로 다르고 그것을 써서 구의 부피를 구하면 유난히 오차가 크다. 마땅히 〈수리정온〉에 근거하여 먼저 원의 넓이를 구하고 여기에 지름을 곱하여 2배하고 3으로 나누는 법을 사용하고 아울러 제곱과 세제곱 및 비례를 정확히 사용하면 원의 넓이와 구의 부피가 명료하여 아무런 문제가 없다.

按密法者祖氏立數之本也 盈朒所爭止一忽 今幷二限而半之取中數三丈一尺四寸一分五厘九毫二秒六忽半 斯所謂圓周正數者 惟密率就密法相準而立成當用之率 試以徑除周則得三丈一尺四寸一分五厘九毫二秒九忽二微 用課密法止較忽微依此推求 卽密法在其中矣 若其約率則雖亦本乎密法而 從近就約擧略取捷 用課密法至差分厘 其於密法相距稍遠 其視古圓諸率雖曰勝之而終不及於密法密率之最精 獨其立數之簡 故朱氏世杰之啓蒙彭氏魯叔黃鍾算法 見於性理大全者俱喜便於依用而 遂以其本乎密法亦得謂之密率 明王佐又信彭而不知攷焉 其實乃約率而非密率也 夫數一藝耳上下千載其能精審者何其鮮哉 余故表出密率眞數 以告來者 其曰開差冪蓋卽開平方法 開差立蓋卽開立方法耳後又得 淸主康熙御制數理精蘊圓法以祖氏及元人趙友欽與夫西洋

法折衰者 其徑二千萬周六千二百八十三萬一千八百五十三而 徑周各半卽密法本數 以之相乘求圓積甚捷

又按古徽密三家立率各異 故面積亦異而 其求球積尤謬 當據精蘊先求面積乘徑二因三歸之術 並正之使與平立二方積相準比例而 圓之平面球體瞭然矣 尚何段數之拘哉

☞ 역자 주: 조충지가 계산한 세 가지 원주율을 정리하면 다음과 같다.

밀법: 3.14159265, 이 근사값이 가장 정확한 값으로 여겨짐.

밀률: $\frac{355}{113}$(=3.14159292), 이 값은 밀법과 10^{-7} 이하에서 오차가 있음.

약률: $\frac{22}{7}$(=3.1428⋯), 이 값은 밀법과 10^{-3} 이하에서 오차가 있어 밀법과 밀률에 비해 부정확한 근사값이나 사용상의 편리함으로 인해 계산에 이용됨.

한편 <수리정온>의 구의 부피 계산법 $\frac{\pi r^2 \times 2r \times 2}{3} = \frac{4\pi r^3}{3}$은 오늘날과 일치한다. 이는 조충지 부자에 의해 이미 $\frac{d^3}{2}$(단 d는 지름)로 계산된 바 있는데, 이 값은 고법일 때 <수리정온>의 값과 일치하는 값이다.

2 천원1술(天元一術)

〔방은 단지 한 가지이다. 가령 평방면, 입방면, 삼승방면, 사승방면은 각각 한 가지이다. 방률은 예나 지금이나 새로운 다른 방법이 없고 단지 한 가지 방법이다. 〈산학계몽〉의 천원1은 〈수리정온〉의 차근방112)과 이름은 다르나 실은 같은 것이다.〕
〔方只一段　如平方面立方面三乘方面四乘方面各一段也◯方率無古今新舊之異術 只一種法也◯算學啓蒙之天元一 數理精蘊之借根方 名異而實同也〕

〔2-1〕 고법(古法)

원의 지름

둘레 3〔지름 1이고 둘레 3이면 바로 지름 1장이면 둘레는 3장이다. 〈진서〉를 살펴보면 오나라 사람 왕번이 〈혼천론〉에서 말하였다. 육적이 말하기를 둘레 3, 지름 1을 생각하건대 지름 1에 둘레 3이 아니라 둘레 142에 지름이 45, 바로 지름 1장에 둘레 3장 1자 5치 6푼 강이다. 지금 왕률을 유휘와 비교하여보면 더욱 차이가 커서 사용해서는 안된다.〕

지름 4단〔지름 1의 4배〕

둘레 12단〔둘레 3의 4배〕

구의 지름 1

둘레 9〔평 3의 제곱〕

지름 16단〔평 4단의 제곱〕

둘레 48단〔평 12단의 4배〕

정사각형의 지름 1

둘레 4

지름 4단〔대각선의 수는 앞을 보라. 방5사7의 방법〕

둘레 16단

정육면체의 지름 1

둘레 16

---

112) 차근방은 대수(algebra)를 번역한 말로, 중국의 천원술에 해당하는 서양의 방정식 표현 및 해법을 뜻한다. 이상혁의 <차근방몽구 >에 그 방법이 예시되어 있다.

지름 16단
둘레 64단

平圓徑一

周三〔徑一而周三 則徑一丈而周三丈○按晉書吳人王蕃渾天論曰 陸績言周三徑一攷之 徑一不趨周三率 周一百四十二而徑四十五 則徑一丈而周三丈一尺五寸六分强 今按王率比劉徽尚疏不可用也〕

徑四段〔徑一之四之〕

周十二段〔周三之四之〕

立圓徑一

周九〔平三之自之〕

徑十六段〔平四段自之〕

周四十八段〔平十二段之四之〕

平方徑一

周四

徑四段〔方斜段數見上 方五斜七術〕

周十六段

立方徑一

周十六

徑十六段

周六十四段

〔2-2〕 휘술(徽術)

원의 지름 50〔(반) 약분하여 25〕

둘레 157〔지름 50이고 둘레 157이면 바로 지름 1장이고 둘레 3장 1자 4치이다.〕

지름 200단〔지름 50의 4배〕

둘레 628단〔둘레 157의 4배 (반)314단 종약〕

구의 지름 50〔(반) 25〕

둘레 24649〔157의 제곱〕

지름 40000단〔평 200단의 제곱〕

둘레 2512단〔평 628단의 4배 (반)1256단〕

平圓徑五十〔(半)二十五從約〕

周一百五十七〔徑五十而 周一百五十七 則徑一丈而周三丈一尺四寸〕

徑二百段〔徑五十之四之〕

周六百二十八段〔周一百五十七之四之(半)三百一十四從約〕

立圓徑五十〔(半)二十五〕

周二萬四千六百四十九〔一百五十七之自之〕

徑四萬段〔平二百段之自之〕

周二千五百一十二段〔平六百二十八段之四之(半)一千二百五十六段〕

〔2-3〕 밀률(密率)

〔밀법의 약률이다.〕

원의 지름 7

둘레 22〔지름이 7이고 둘레가 22이면 바로 지름 1장에 둘레 3장 1자 4치 2푼 8리 5호 7초 1홀 4가 되어 밀법과 많이 다르고 밀률과도 많이 다르므로 사용하지 않는 것이 좋다. 주세걸의 〈산학계몽〉 및 〈양휘산법〉은 고, 휘, 밀 3법을 같이 사용하고 밀법은 지름 7에 둘레 22이다.〕

지름 28단〔지름 7의 4배〕

둘레 88단〔둘레 22의 4배〕

구의 지름 7

둘레 484〔22의 4배〕113)

지름 784단〔평 28단의 제곱〕

둘레 352단〔평 88단의 4배〕

앞에서 고, 휘, 밀의 평면, 입체의 둘레, 지름의 단수는 자연적인 이론의 결과이고 사람이 만들어낸 것이 아니다. 단이란 것은 개수와 같다.

〔密法之約率也〕

平圓徑七

周二十二〔徑七而周二十二 則徑一丈而周三丈一尺四寸二分八厘五毫七秒一忽四 不徒多於密法而 亦多於密率 則不用可也◯朱世傑啓蒙及楊輝算法幷用古徽密三法而 密用徑七周二十二〕

---

113) 4배를 제곱으로 바로 잡아야 한다.

徑二十八段〔徑七之四之〕

周八十八段〔周二十二之四之〕

立圓徑七

周四百八十四〔二十二之四114)之〕

徑七百八十四段〔平二十八段之自之〕

周三百五十二段〔平八十八段之四之〕

右古徽密平立周徑段數 乃理勢之自然 不是人安排做出來 夫段者猶箇也

〔2-4〕 고법(古法)

원의 지름과 정사각형의 한 변이 같을 때

고법 원의 넓이의 4배는 정사각형의 넓이의 3배와 같다.

원의 둘레와 정사각형의 한 변이 같을 때

원의 넓이의 12배는 정사각형의 넓이와 같다.

구의 지름이 정육면체의 한 모서리와 같을 때

고법 구의 부피의 16배는 정육면체의 부피의 9배와 같다.

구의 둘레가 정육면체의 한 모서리와 같을 때

구의 부피의 48배는 정육면체의 부피와 같다.

호배주〔반원주〕가 정사각형의 한 변과 같을 때

원의 넓이의 6배는 정사각형의 넓이와 같다.115)

반호배주〔$\frac{1}{4}$원주〕가 정사각형의 한 변과 같을 때

원의 넓이의 3배는 정사각형의 넓이와 같다.116) 나머지도 이와 같다.

平徑與平方面適等

四箇古平積亦與三箇平方積同

平周與平方面適等

十二箇平周積亦與一箇平方積同

立徑與立方面適等

十六箇古立積亦與九箇立方積同

立周與立方面適等

114) 自로 고쳐야 한다.

115) 본문이 잘못 되었다. 원의 넓이의 3배는 정사각형의 넓이와 같다.

116) 본문이 잘못되었다. 원의 넓이의 3배는 정사각형의 넓이의 4배와 같다.

四十八箇立周積亦與一箇立方積同
弧背周〔半圓周〕與平方面適等
六箇平周積與一箇平方積同
半弧背周〔四分圓周〕與平方面適等
三箇平周積與一箇平方積同餘幷倣此

☞ 역자 주: 원의 넓이를 S, 구의 부피를 V라 하자.

1. 지름 d가 정사각형의 한 변일 때, $S=\frac{3d^2}{4}$이므로 $4S=3d^2$
2. 둘레 l이 정사각형의 한 변일 때, $S=\frac{l^2}{12}$이므로 $12S=l^2$
3. 지름 d가 정육면체의 한 모서리일 때, $V=\frac{9d^3}{16}$이므로 $16V=9d^3$
4. 둘레 l이 정육면체의 한 모서리일 때, $V=\frac{l^3}{48}$이므로 $48V=l^3$
5. 반원주 $\frac{l}{2}$이 정사각형의 한 변일 때, 2번으로부터 $3S=(\frac{l}{2})^2$
6. $\frac{1}{4}$원주 $\frac{l}{4}$이 정사각형의 한 변일 때, 5번으로부터 $3S=4(\frac{l}{4})^2$

이제 원주율을 3이 아니라 휘율 $\frac{157}{50}$, 약률 $\frac{22}{7}$로 하면 휘술, 밀률에서도 마찬가지로 생각할 수 있다.

〔2-5〕 휘술(徽術)

원의 지름이 정사각형의 한 변과 같을 때
휘율 원의 넓이의 200배는 정사각형의 넓이의 157배와 같다.
원의 둘레가 정사각형의 한 변과 같을 때
원의 넓이의 314배는 정사각형의 넓이의 25배와 같다.
구의 지름이 정육면체의 한 모서리와 같으면
휘율 구의 부피의 4000배는 정육면체의 부피의 24649배와 같다.
구의 둘레가 정육면체의 한 모서리와 같으면
구의 부피의 1256는 정육면체의 부피의 25배와 같다.
平徑與平方面適等
二百箇徽平積亦與一百五十七箇平積同

平周與平方面適等

　　三百一十四箇平周積亦與二十五箇平方積同

立徑與立方面適等

　　四萬箇徽立積亦與二萬四千六百四十九箇立方積同

立周與立方面適等

　　一千二百五十六箇立周積亦與二十五箇立方積同

〔2-6〕 밀률(密率)

원의 지름이 정사각형의 한 변과 같을 때

　밀률 원의 넓이의 28배는 정사각형의 넓이의 22배와 같다.

원의 둘레가 정사각형의 한 변과 같을 때

　원의 넓이의 88배는 정사각형의 넓이의 7배와 같다.

구의 지름이 정육면체의 한 모서리와 같을 때

　밀률 구의 부피의 784배는 정육면체의 부피의 484배와 같다.

구의 둘레가 정육면체의 한 모서리와 같을 때

　구의 부피의 352배는 정육면체의 부피의 7배와 같다.

平徑與平方面適等

　　二十八箇密平積亦與二十二箇平方積同

平周與平方面適等

　　八十八箇平周積亦與七箇平方積同

立徑與立方面適等

　　七百八十四箇密立積亦與四百八十四箇立方積同

立周與立方面適等

　　三百五十二箇立周積亦與七箇立方積同

3 개방술(開方術)

〔〈산학계몽〉〕〔啓蒙〕

〔주세걸이 말하기를, 개방술은 곱한 적을 실로 하고 방, 염, 우는 부호가 같으면 더하고 부호가 다르면 서로 뺀 다음 개방연산을 한다. 무릇 방, 염, 우의 이름은 마땅히 〈동문산지〉에 맞추어 나간다. 평방에서 사승방까지 크게 불러서 셈하여 수를 덜어 나가는 방법은 모두 순차적으로 푸는 것이지 뒤집어 푸는 것이 아니다. 순차적으로 푼다는 것은 빼는 것 없이 모두 순차적으로 더하여 가면서 셈하는 것이고, 뒤집어 푼다는 것은 혹은 더해가고 혹은 빼가면서 셈하는 것이다. 뒤집어서 하는가 순차적으로 하는가의 요령은 스스로 그 요점을 터득하는 데 있다. 개방셈에 이르러서는 미묘하므로 개방의 방법이 천원1에 이르러서는 더욱 미묘하여 더할 나위 없다.〕

〔朱氏曰 開方法置積爲實 及方廉隅同加異減開之○凡方廉隅名目當準同文算指○自平方至四乘方 其命置呼除之術 皆順開而非翻開也 蓋順開皆順加而無減 翻開則或加或減 一翻一順要在自究其妙 夫算至開方微矣 開方之術至天元一 尤微而無以加矣〕

〔3-1〕 평방(平方)

〔원도 같다. 모두 세 개의 수이다. 두 번째 수는 2배한다.〕

제곱한 수를 실로 한다. 〔(1)〕

1을 염법으로 한다. 〔(3) 소우는 마땅히 우법이라고 해야 한다. 바로 하법이다.〕

산대 하나를 실의 끝자리 수 아래에서 빌려 실에 맞추어 항상 한 자리를 건너 뛰고 실의 수에 따라서 위로 간다. 이것이 염법이다. 〔평방의 염과 입방, 삼승방, 사승방의 우는 이름은 비록 달라도 실제로는 같은 것이다. 염은 또한 우라고도 말하나 우를 염이라고 말하지는 않는다. 염은 모서리이다. 안사고의 〈한서〉 주에 말하기를, 염은 옆의 우(옆의 모퉁이)다. 〈한서〉 조충국전에 선수에 들어가면 북의 구염 위에 …라고 있다. (주) 구(句)의 음은 구(鉤)이다. 구염은 물가가 구부러져 옆 모서리가 있다는 것이다. 집의 방에 네 귀가 있는 것을 염이라고 한다.〕

상상 1을 놓는다. 〔실의 윗자리이다.〕

상과 염〔마땅히 우라고 해야 한다.〕을 곱하여 1을 얻어 방법으로 한다.〔(2)염. 명이란 크게 불러 곱하는 것이다. 바로 여를 부른 것이나 10을 부른 것이나 말하기를 모두 같은 뜻이다.〕

상과 방법을 곱하여 실에서 뺀다.

다시 상과 염〔마땅히 우라고 해야 한다.〕을 곱하여 1을 얻어 방법에 더하여 2를 얻는다.

방법은 한 자리 물리고〔방법은 마땅히 염이라고 해야 한다.〕 염법은 두 자리 물리고〔염법은 마땅히 우라고 해야 한다.〕 계속하여 다시 상을 놓는다.〔상의 자릿수는 반드시 염법의 자릿수, 우법의 자릿수 아래이다. 실의 수가 세 자리 이상이면 속상을 놓는다. 만약 실수가 작으면 자리를 나갈 필요가 없고 속상을 놓지 않는다. 〈양휘산법〉의 개방법 해설에서 말하기를, 적을 실로 놓고 별도로 산대 하나를 하법으로 놓고 항상 한 자리를 뛴다. 실 위에 상을 약정하고 하법에 곱하여 방법으로 하고 상상과 곱하여 실에서 뺀다. 다시 방법을 2배하여 한 자리 물리고 염으로 하고 하법은 두 자리 물린다. 다시 상의 둘째 자리 수와 하법을 곱하여 우로 하고 염우 두 법과 상상을 곱하여 남은 실에서 뺀다. 남는 수가 있으면 우법을 2배하고 염법을 합하여 하법의 1을 더하여 분모로 하고 남는 수를 분자로 한다.〕

〔平圓同 共三位◯第二位二之〕

平方積冪爲實〔(一)〕

一爲廉法〔(三)小當隅云隅法 卽下法也〕

借一算於實末位下 約實常超一位 隨實位多少以次而上 是爲廉法〔平方之廉 立方三四乘方之隅 名雖異而實則同◯廉亦或通謂之隅而 隅則不可曰廉◯廉稜也 顏師古漢書註曰 廉側隅也(側旁也)◯漢書趙充國傳 入鮮水北句廉上(注)句音鉤曲也 句廉謂水岸曲而 有廉稜也 凡堂室之有四隅者謂之廉〕

上商置一〔實之上位〕

商命廉〔當云隅〕得一爲方法 〔(二)廉◯命呼而因之也 卽呼如之呼言十之言皆同義〕

商命方除實

又商命廉〔當云隅〕得一加入方法得二

方法一退〔方當云廉〕廉法再退〔廉當云隅〕續又置商〔商位必隨廉位隅

位下之○實數三位以上 乃置續商○若遇實數少則 不用超位法 亦不置續商○楊輝算法開方草曰 置積爲實 別置下法一算從常超一位 約實上商方面 以乘下法爲方法 命上商除實 又以二因方法一退爲廉 下法再退 又商第二位方面以乘下法爲隅 以廉隅二法命上商 除餘實 有不盡之數 則二因隅法 倂入廉法 添入下法一算命爲分母 餘爲分子〕

☞ 역자 주: 평방에서 '세 개의 수이고 둘째 수를 2배한다'는 것은 개방식의 전개에서 이용하는 파스칼 삼각형을 설명한 것이다. 즉 제2열의 1 2 1을 말한다. 입방에서는 네 개의 수, 즉 제3열 1 3 3 1을 말하며 삼승방 이하 마찬가지이다.

〔3-2〕 입방(立方)

〔구도 같다. 모두 4개의 수이다. 둘째와 셋째 수는 모두 3배한다.〕

세 번 곱한 수를 실로 한다. 〔(1)〕

1을 우법으로 한다. 〔(4)소우이다.〕

산대 하나를 실의 끝자리 수 아래에 빌려 실에 맞추어 항상 두 자리를 뛴다. 실의 수의 자릿수에 따라서 위로 간다. 이것이 우법이다. 〔이하 이와 같다. 단 자리를 뛰어 넘는 것은 다르다. 자세한 것은 다음을 보아라.〕

상상 1을 놓는다. 〔실의 윗자리이다.〕

상과 우를 곱하여 1을 얻어 염법〔(3)장염〕으로 한다.

다시 상과 염을 곱하여 1을 얻어 방법으로 한다. 〔(2) 제곱한 염을 또한 평렴 또한 방렴이라고 한다.〕

상과 방법을 곱하여 실에서 뺀다.

다시 상과 우를 곱하여 1을 얻어 염법에 더하여 2를 얻어 다시 상과 염법〔2〕을 곱하여 2를 얻어 방법에 더하여 3을 얻는다.

다시 상과 우〔1〕를 곱하여 1을 얻어 염법〔2〕에 더하여 3을 얻는다.

방법은 한 자리 물리고 염법은 두 자리 물리고 우법은 세 자리 물리고 계속하여 상을 놓는다. 〔실의 수가 네 자리 수 이상이면 속상을 놓는다.〕

〔立圓同 共四位○第二位第三位皆三之〕

立方積冪爲實 〔(一)〕

一爲隅法〔(四)小隅〕

借一算於實末位下 約實常超二位 隨實位多少以次而上 是爲隅法〔下倣此 但超位之法不同 今詳見于下〕

上商置一〔實之上位〕

商命隅〔一〕得一爲廉法〔(三)長廉〕

又商命廉〔一〕得一爲方法〔(二)自乘廉亦云平廉亦云方廉〕

商命方除實

又商命隅〔一〕得一 加入廉法〔一〕得二 又商命廉〔二〕得二 加入方法得三

又商命隅〔一〕得一 加入廉法〔二〕得三

方法一退 廉法再退 隅法三退 續又置商〔實數四位以上 乃置續商〕

〔3-3〕삼승방(三乘方)

〔모두 다섯 수이다. 둘째는 4배, 셋째는 6배, 넷째는 4배한다.〕

〔〈동문산지〉에서 말하고 있다.[117] 무릇 수를 곱하여 개방하여 제곱한 수를 얻으면 개평방이고 세 번 곱한 것을 개방하는 것이 개입방이다. 이때 네 변은 같고 안은 비어 있지 않다. 삼승방은 입방에 다시 한 길이를 곱한다. 2를 곱하였을 때 삼승방은 2의 입방의 두 배이고 3을 곱하였을 때 삼승방은 3의 입방의 3배이다. 단 한 번 곱하는 수는 삼승방의 한 변의 수이다. 사승방은 입방에 평방을 곱한다. 2를 곱하였을 때 사승방은 2의 입방의 4배이고 3을 곱하였을 때 사승방은 3의 입방의 9배이고 9를 곱하였을 때 사승방은 9의 입방의 81배이다. 이와 같이 하여 무한히 이르고 모두 평면과 관계 있다. 오승방은 대립방이다. 2를 곱하였을 때 4개의 입방이 있으면 16입방이 대방이고 5를 곱하였을 때 25입방이 있으면 125입방이 대방이라는 그러한 종류이다. 이와 같이 나아가면 육승방은 3승형으로 보고 칠승방은 4승형으로 보고 팔승방은 5승형으로 보고 나머지는 이와 같은 방법을 써서 끝없이 나아갈 수 있다.〕

삼승방으로 거듭 곱한 적을 실로 한다. 〔(1)〕

1을 우법으로 한다. 〔(5)소우〕

---

117) 同文算指通編卷八 廣諸乘方法第十七에 있다. 그러나 정확히 옮기지 못하여 몇 가지 오류가 있다.

우는 항상 실을 따라서 세 자리를 뛴다.
상상 1을 놓는다. 〔실의 윗자리〕
상과 우〔1〕을 곱하여 1을 얻어 하렴〔(4)장렴이라고도 한다.〕으로 한다.
상과 하렴〔1〕을 곱하여 1을 얻어 상렴〔(3)자승렴이라고도 한다.〕으로 한다.
상과 상렴〔1〕을 곱하여 1을 얻어 방법〔(2)재승렴이다.〕으로 한다.
상과 방법을 곱하여 실에서 뺀다.
다시 상과 우〔1〕를 곱하여 1을 얻어 하렴〔1〕에 더하여 2를 얻고 다시 상과 하렴〔2〕을 곱하여 2를 얻어 상렴〔1〕에 더하여 3을 얻고 다시 상과 상렴〔3〕을 곱하여 3을 얻어 방법〔1〕에 더하여 4를 얻는다.
다시 상과 우〔1〕를 곱하여 1을 얻어 하렴〔2〕에 더하여 3을 얻고 다시 상과 하렴〔3〕을 곱하여 3을 얻어 상렴〔3〕에 더하여 6을 얻는다.
다시 상과 우〔1〕를 곱하여 1을 얻어 하렴〔3〕에 더하여 4를 얻는다.
방법은 한 자리 물리고 상렴은 두 자리 물리고 하렴은 세 자리 물리고 우법은 네 자리 물리고 계속하여 상을 놓는다. 〔실이 다섯 자리 이상의 수일 때 속상을 놓는다.〕
〔共五位○第二位四之 第三位六之 第四位四之〕
〔同文算指曰 凡積數若干 以平面開之 適得自來之數者 爲開平方 其立方 乃開平再乘積也 四面皆方中積滿布 三乘方長立方也 如以二自乘起者 得兩立方 以三自乘起者 得三立方118) 但以平面一邊之數爲準 四乘方平面立方也 如長立方得兩立方119)則進作四立方 如長立方得三方數 則進作九立方 如長立方係九方數則進作八十一立方120) 倣此以至無窮 俱係平面 五乘方太121)立方也 如係二自乘起者 有四立方 則進倂十六方爲大方 如係五自乘起者 有二十五立方 則進倂一百二十五方爲大方之類 自此推之六乘方視三乘形 七乘方視四乘形 八乘方視五乘形 餘乘倣此可至無窮〕
三乘方積冪爲實〔(一)〕
一爲隅法〔(五)小隅〕
隅常超三位約實
上商置一 〔實之上位〕

118) 之數가 빠져있다.
119) 之數가 빠져있다.
120) 之數가 빠져있다.
121) 太를 大로 고쳐야 한다.

商命隅〔一〕得一爲下廉〔(四)長廉〕
商命下廉〔一〕得一爲上廉〔(三)自乘廉〕
商命上廉〔一〕得一爲方法〔(二)再乘廉〕
商命方除實
又商命隅〔一〕得一 加入下廉〔一〕得二 又商命下廉〔二〕得二 加入上廉〔一〕得三 又商命上廉〔三〕得三 加入方法〔一〕得四
又商命隅〔一〕得一 加入下廉〔二〕得三 又商命下廉〔三〕得三 加入上廉〔三〕得六
又商命隅〔一〕得一 加入下廉〔三〕得四

方法一退 上廉再退 下廉三退 隅法四退 續又置商〔實數五位以上乃置續商〕

〔3-4〕 사승방(四乘方)
〔모두 여섯 개의 수이다. 둘째 수는 5배, 셋째 수는 10배, 넷째 수는 10배한다. 다섯 째 수는 5배한다.〕
사승방 거듭 곱한 적을 실로 한다. 〔(1)〕
1을 우법으로 한다. 〔(6)소우〕

우는 항상 실을 따라서 네 자리를 뛴다.

상상 1을 놓는다. 〔실의 윗자리이다.〕
상과 우를 곱하여 1을 얻어 하렴으로 한다. 〔(5)장염〕
상과 하렴〔1〕을 곱하여 1을 얻어 중렴〔(4)자승렴〕으로 한다.
상과 중렴〔1〕을 곱하여 1을 얻어 상렴〔(3)재승렴〕으로 한다.
상과 상렴〔1〕을 곱하여 1을 얻어 방법〔(2)삼승렴〕으로 한다.
상과 방법을 곱하여 실에서 뺀다.
다시 상과 우〔1〕를 곱하여 1을 얻어 하렴〔1〕에 더하여 2를 얻고 다시 상과 하렴〔2〕을 곱하여 2를 얻어 중렴〔1〕에 더하여 3을 얻고 다시 상과 중렴〔3〕을 곱하여 3을 얻어 상렴〔1〕에 더하여 4를 얻고 다시 상과 상렴〔4〕을 곱하여 4를 얻어 방법에 더하여 5를 얻는다.
다시 상과 우〔1〕를 곱하여 1을 얻어 하렴〔2〕에 더하여 3을 얻고 다시 상과 하렴〔3〕을 곱하여 3을 얻어 중렴〔3〕에 더하여 6을 얻고 다시 상과 중렴〔6〕을 곱하여 6을 얻어 상렴〔4〕에 더하여 10을 얻는다.

다시 상과 우〔1〕를 곱하여 1을 얻어 하렴〔3〕에 더하여 4를 얻고 다시 상과 하렴〔4〕을 곱하여 4를 얻어 중렴〔6〕에 더하여 10을 얻는다.
다시 상과 우〔1〕을 곱하여 1을 얻어 하렴〔4〕에 더하여 5를 얻는다.

방법은 한 자리 물리고 상렴은 두 자리 물리고 중렴은 세 자리 물리고 하렴은 네 자리 물리고 우법은 다섯 자리 물린다. 계속하여 다시 상을 놓는다. 〔실의 수가 여섯 자리 이상이면 속상을 놓는다.〕

〔共六位◯第二位五之 第三位十 第四位十之 第五位五之〕
四乘方積冪爲實〔(一)〕
一爲隅法〔(六)小隅〕

隅常超四位約實

上商置一 〔實之上位〕
商命隅得一爲下廉 〔(五)長廉〕
商命下廉〔一〕得一爲中廉〔(四)自乘廉〕
商命中廉〔一〕得一爲上廉〔(三)再乘廉〕
商命上廉〔一〕得一爲方法〔(二)三乘廉〕
商命方除實
又商命隅〔一〕得一 加入下廉〔一〕得二 又商命下廉〔二〕得二 加入中廉〔一〕得三 又商命中廉〔三〕得三 加入上廉〔一〕得四 又商命上廉〔四〕得四 加入方法得五
又商命隅〔一〕得一 加入下廉〔二〕得三 又商命下廉〔三〕得三 加入中廉〔三〕得六 又商命中廉〔六〕得六 加入上廉〔四〕得十
又商命隅〔一〕得一 加入下廉〔三〕得四 又商命下廉〔四〕得四 加入中廉〔六〕得十
又商命隅〔一〕得一 加入下廉〔四〕得五

方法一退 上廉再退 中廉三退 下廉四退 隅法五退 續又置商 〔實數六位以上乃置續商〕

〔3-5〕 오승방(五乘方)

(1) (2)6 (3)15 (4)20(5)15 (6)6 (7)

(一) (二)六 (三)十五 (四)二十 (五)三十五 (六)六 (七)

〔3-6〕 육승방(六乘方)

(1) (2)7 (3)21 (4)35 (5)35 (6)21 (7)7 (8)

(一) (二)七 (三)二十一 (四)三十五 (五)五十 (六)二十一 (七)七 (八)

〔3-7〕 칠승방(七乘方)

(1) (2)8 (3)28 (4)56 (5)70 (6)56 (7)28 (8)8 (9)

(一) (二)八 (三)二十八 (四)五十六 (五)七十 (六)五十六 (七)二十八 (八)八 (九)

〔3-8〕 제승유호도(諸乘維互圖)

〔3-8-1〕

평방면 10 -------- 2

평방 10을 제곱하여 100

10과 2를 서로 곱하고 (2)곱하여 40

2를 제곱하여 4

세 개 수를 합하여 144

平方面 一十 -------- 二

平方 一十自之一百

一十與二相乘 (二) 之四十

二自之四

三位一百四十四

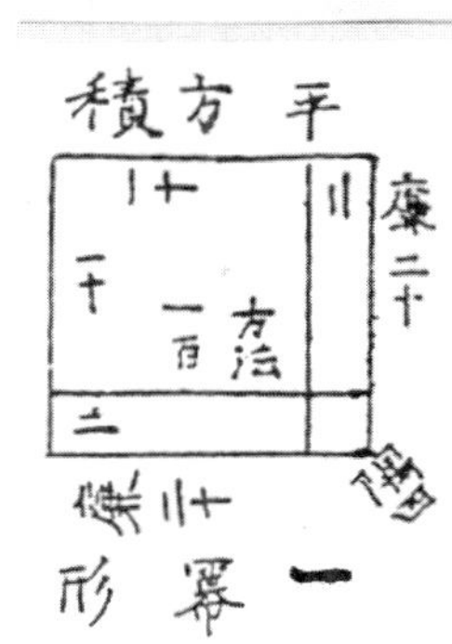

〔3-8-2〕

입방면 10 2

평방 10의 제곱 100 2의 제곱 4

입방 10을 세제곱하여 1000

100과 2를 서로 곱하고 (3)곱하여 600

10과 4를 서로 곱하고 (3)곱하여 120

2를 세제곱하여 8

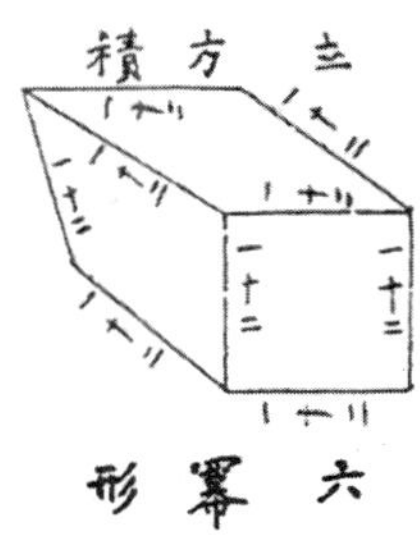

네 개 수를 합하여 1728

立方面　一十　　二
平方　一十自之一百　　二自之四
立方　一十再自之一千
一百與二相乘(三)之　六百
一十與四相乘(三)之　一百二十
二再自之八
四位一千七百二十八

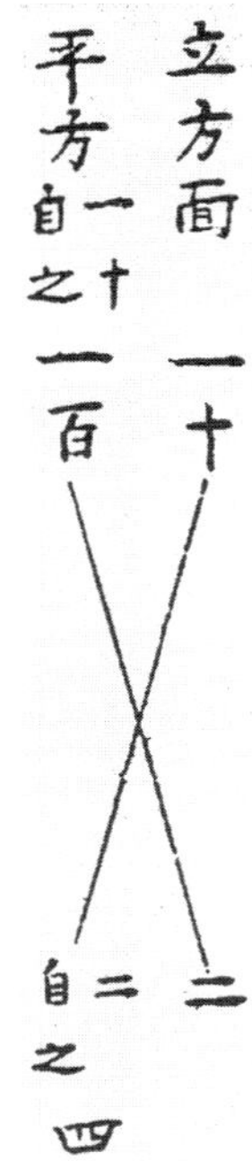

〔3-8-3〕
삼승방면　10　　2
평방　10의 제곱 100　　2의 제곱 4
입방　10의 세제곱 1000　　2의 세제곱 8
삼승방 10을 네제곱하여 10000
1000과 2를 서로 곱하고 (4)곱하여 8000
100과 4를 서로 곱하고 (6)곱하여 2400
10과 8을 서로 곱하고 (4)곱하여 320
2를 네제곱하여 16
다섯 개의 수를 합하여 20736

三乘方面　一十　　二
平方　一十自之一百　　二自之四
立方　一十再自之一千　　二再自之八
三乘方　一十三自之一萬
一千與二相乘(四)之八千
一百與四相乘(六)之二千四百
一十與八相乘(四)之三百二十

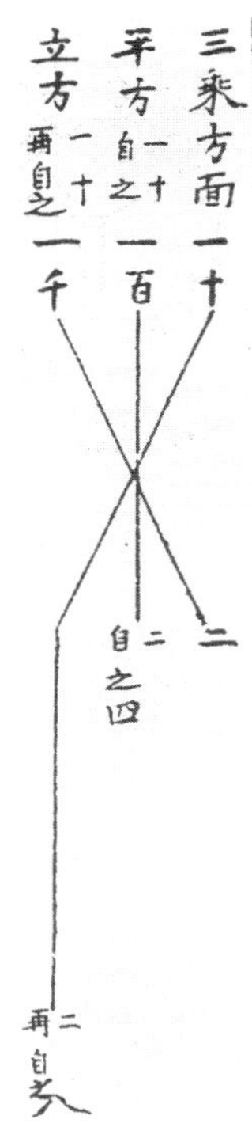

二三自之一十六
五位二萬空七百三十六

〔3-8-4〕

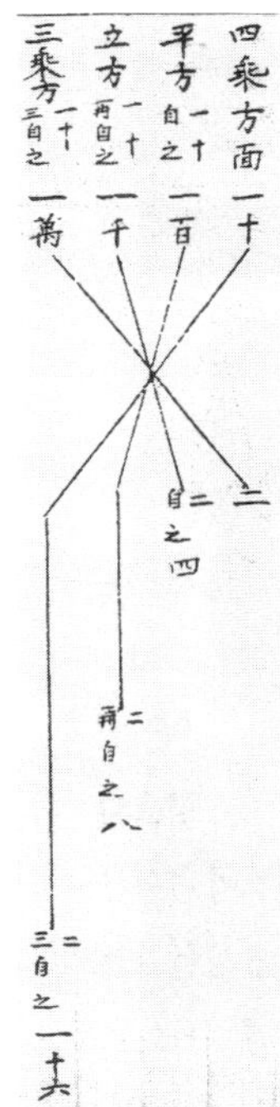

사승방면	10	2
평방	10의 제곱 100	2의 제곱 4
입방	10의 세제곱 1000	2의 세제곱 8
삼승방	10의 네제곱 10000	2의 네제곱 16

사승방 10을 5제곱하여 100000
10000과 2를 서로 곱하고 (5)곱하여 10만
1000과 4를 서로 곱하고 (10) 곱하여 4만
100과 8을 서로 곱하고 (10)곱하여 8000
10과 16을 서로 곱하고 (5)곱하여 800
2를 5제곱하여 32
여섯 개의 수를 합하여 248832

四乘方面	一十	二
平方	一十自之一百	二自之四
立方	一十再自之一千	二再自之八
三乘方	一十三自之一萬	二三自之一十六

四乘方 一十四自之一十萬
一萬與二相乘(五)之一十萬
一千萬四相乘(十)之四萬
一百與八相乘(十)之八千
一十與一十六相乘(五)之八百
二四自之三十二
六位二十四萬八千八百三十二

〔3-9〕 광제승방법(廣諸乘方法)
〔〈동문산지〉〕
〔이 방법은 이지조가 한 것을 리마두[122]가 주어 계산을 위하여 옮겨 쓴

것이다.]

원래의 수	제곱평방	세제곱입방	삼승방	사승방
1	1	1	1	1
2	4	8	16	32
3	9	27	81	243
4	16	64	256	1024
5	25	125	625	3125
6	36	216	1296	7776
7	49	343	2401	16807
8	64	512	4096	32768
9	81	729	6561	59049

오승방	육승방	칠승방
1	1	1
64	128	256
729	2187	6561
4096	16384	65536
15625	78125	390625
46656	279936	1679616
117649	823543	5764801
262144	2097152	16777216
531441	4782969	43046721

〔同文算指〕

〔此法寫字爲算 乃利瑪竇所授李之藻所演也〕

尋源	一乘平方	再乘立方	三乘方	四乘方
一	一	一	一	一
二	四	八	一六	三二
三	九	二七	八一	二四三
四	一六	六四	二五六	一0二四
五	二五	一二五	六二五	三一二五
六	三六	二一六	一二九六	七七七六

122) 마테오리치를 말한다.

七	四九	三四三	二四0一	一六八0七
八	六四	五一二	四0九六	三二七八六
九	八一	七二九	六五六一	五九0四九

五乘方	六乘方	七乘方
一	一	一
六四	一二八	二五六
七二九	二一八七	六五六一
四0九六	一六三八四	六五五三六
一五六二五	七八一二五	三九0六二五
四六六五六	二七九九六	一六七九六一六
一一七六四九	八二三五四三	五七六四八0一
二六二一四四	二0九七一五二	一六七七七二一六
五三一四四一	四七八二九六九	四三0四六七二一

일승통률열법	재승통률열법	삼승통률열법	사승통률열법
20	300	4000	50000
우열염법〔	30	600	10000
여기 방렴우의 이름은		40	1000
앞의 개방술에서 말한			50

계몽법과 다르나 이치는 같다.
독자는 자세히 살펴라.〕
좌열방법

오승통률열법	육승통률열법	칠승통률열법
600000	7000000	80000000
150000	2100000	28000000
20000	350000	5600000
1500	35000	700000
60	2000	56000
〔이 끝자리에	2800	

1을 더한다. 나아가 80
15에 2를 더한다.
다시 나아가 20에 3을 더한다.
다시 나아가 15에 4를 더한다.
수마다 앞에 두 글자가 있으면 이와 같이 한다.〕

一乘通率列法	再乘通率列法	三乘通率列法	四乘通率列法
二0	三00	四000	五0000
	三0	六00	一0000
		四0	一000
			五0

右列廉法〔此方廉隅之名與前開方術所引啓蒙法 異而理一 觀者詳之〕
左列方法

五乘通率列法	六乘通率列法	七乘通率列法
六00000	七000000	八0000000
一五0000	二一00000	二八000000
二0000	三五0000	五六00000
一五00	三五000	七00000
六0	二000	五六000
	二八00	
	八0	

〔此末位加一◯進位一五加二◯
又進位二0加三◯又進位一五加四◯
凡每位首有二字者倣此〕

〔3-9-1〕
가령 실이 6765201일 때 평방을 풀어 보자. 초상 2를 얻어 방법이 된다. 실에서 4를 뺀다. 다음에 통률을 가운데에, 방법을 왼쪽에 놓는다. 서로 곱하면 40이고 남은 실 27과 비교하면 6으로 나눌 수 있어 6〔이 역시 차상이다.〕을 염법으로 하여 열의 우에서 제곱하여 36을 얻

어 우법이 되고 염수 6을 40과 곱하여 240을 얻어 제곱한 36과 합하면 모두 276이 되어 제하면 없어진다. 다음 제 2단으로 나머지 실은 5201이다. 통률을 별도로 놓고 염법에 더하면 26이고 왼쪽에 놓는다. 20을 곱하여 520을 얻고 실의 나머지와 비교하면 1을 얻어 1을 염법으로 한다. 오른쪽에 놓아 제곱하면 역시 1이고 우법으로 하여 더하여 실의 나머지에서 제하면 없어진다. 따라서 제곱근을 구하면 2601이 답이다. [이상은 일승개평방이다.]

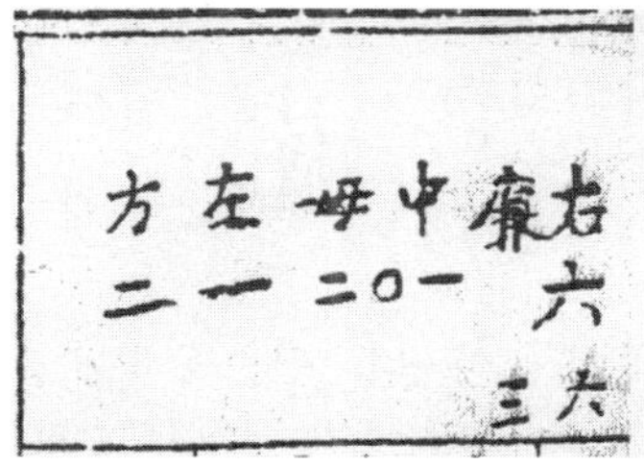

假如列實六百七十六萬五千二百空一平方開之 初商得二爲方法 除實四 次置通率于中亦列方法于左位 以相乘得四空居中 以較餘實二七 約得六之一乃立六〔六亦爲次商〕 爲廉法列右以自乘 得三六爲隅法 附列乃以廉數六乘四十得二百四十 以併自乘之三十六共二百七十六盡第二段 餘實五二空一 另置通率 併廉入方爲二六 置左位 以乘二空得數五百二十 以較餘實得一 又以一爲廉法 置右位 自乘仍得一爲隅法 併入恰盡 開方得平面二千六百空一〔右一乘開平方〕

〔3-10〕 지금 원, 정사각형, 정육면체, 삼승방, 사승방 다섯 도형의 넓이 또는 부피[123]의 합은 1363자이다. 다만 4개의 한 모서리는 모두 같고 원의 지름은 이들 한 모서리보다 2자 짧다고 한다. 각각은 얼마인가?

今有平圓平方立方三乘方四乘方 五段共積一千三百六十三尺 只云四色方面適等而 圓徑少方面二尺 問各幾何

답: 원의 지름 2자, 한 모서리 4자
　　각 4단〔부피의 4배는 5452자〕

答曰圓徑二尺 方面各四尺 各四段〔四積五千四百五十二尺〕

---

123) 원문에는 적(積)이라 하여 각 도형의 차원에 따른 측도를 말한다. 원이나 정사각형의 경우에는 넓이, 정육면체의 경우에는 부피와 같이 4차원 이상의 도형에 대해서도 각각의 측도를 일컬으며, 이후 문제에서는 편의상 부피로 번역한다.

원의 지름을 천원1 0로 놓자. 제곱하고 3배하면〔4단〕 원의 넓이
1
0 이다. 다시 원의 지름에 2자를 더하면 정사각형의 한 변 2 이다.
0 1
3
제곱하면〔1단〕 제곱하여 4 이고 다시 각각 4를 곱하여 정사각형의
2를 곱하여 4
제곱하여 1
넓이의 4배 16 이다. 2자를 더하여 정육면체의 한 모서리 2 이고
16 1
4
세제곱하면〔1단〕 세제곱하면 8푼
제곱하여 4이고 다시 3을 곱하여 12
4[124]를 곱하여 6
세제곱하여 1푼
이고 4를 곱하면 정육면체 부피의 4배 32 이다. 2자를 더하면
48
24
4
삼승방의 한 모서리 2 이고 네제곱하면〔1단〕
1
네제곱하면 16푼
세제곱하면 8이고 4배하여 32
제곱하면 4이고 다시 6배하여 24푼
4배하여 8푼
네제곱하여 1푼
이다. 다시 4를 곱하면 삼승방적의 4배 64 이다. 2자를 더하면
128
96
32
4

124) '3'으로 고쳐야 한다.

사승방의 한 모서리 2 이고 5제곱하면〔1단〕

1

5제곱하여 32푼

네제곱하여 16이고 다시 5배하여 80

세제곱하여 8이고 다시 10배하여 80푼

제곱하여 4이고 다시 10배하여 40푼

5배하여 10푼

5제곱하여 1푼

이다. 다시 4를 곱하면 사승방적의 4배 128 이다. 다섯을 합하여

320

320

160

40

4

240 이다. 이것을 왼쪽에 놓아두자. 부피를 4배하여 왼쪽에 놓아둔

512

447

196

44

4

것과 서로 계산하여 개방식 −5212 을 얻는다. 이 오차방정식을 풀면

512

447

196

44

4

원의 지름 2자를 얻고 2자를 더하면 바로 한 모서리이다. 〔원의 지름을 제곱하고 다시 3을 곱하면 4단의 원의 넓이이다. 따라서 4를 말하지 않는다.[125] 자리 수들을 합할 때는 첫 번째 있는 수는 첫 번째 수와 서

125) 원의 넓이는 $\frac{3(\text{지름})^2}{4}$ 인데, 분모 없이 계산하기 위해 넓이의 4배를 다루었다. 그래서 4를 말하지 않는다고 한 것이다. 따라서 정사각형, 정육면체, 삼승방, 사승방의 적도 모두 4배하였다.

로 합한다. 두 번째 있는 수는 두 번째 수와 합한다. 이하 이와 같이 한다. 이미 허적이 되어 있어 다섯 개의 수를 합하면 실적의 수가 음이 될 때도 있다. 다섯 개의 수들을 모두 더하여 5개 부피의 수를 구한 연후에 비로소 실적과 서로 같으므로 서로 계산하여 개방식을 얻는다. 이하 이와 같다.〕

1푼은 우가 되고 이상은 인법을 더한다. 〔평방원, 입방원, 삼승방, 사승방〕

이 우는 보통 염우라고 한다. 방은 평렴, 방렴의 염은 장렴, 하렴의 우는 소우라 한다. 〔지금 11을 제곱하면 가운데 자리 수는 2이다. 세제곱할 때의 가운데 자리 수는 3, 3이다. 네제곱할 때의 가운데 자리 수는 4, 6, 4이다. 5제곱할 때의 가운데 자리 수는 5, 10, 10, 5이다. 평방, 입방, 삼승방, 사승방에서 가운데 수는 자연히 저절로 알 수 있다.[126] 이하 12일 때는 차례로 수 2를 곱하고 3분자일 때는 13에서 차례로 수 3을 곱한다. 나머지도 모두 이와 같다. 이 방법은 비록 간편하고 빠르나 역시 잘 안될 때도 있다. 단 포지금술을 써서 다스리면 순서적으로 규칙적으로 되어 안 되는 것이 없다. 다음도 이와 같다.〕

立天元一爲圓徑 ○眞
|根 自之三之〔四段〕爲平圓積 0 又列圓徑加二尺爲平方面
0
3

2 自之〔一段〕 自之四 又各四之爲四段平方積 16 加二尺爲立方面
1 二之四 16
自之一 4

2 再自乘〔一段〕 再乘八分 又四之爲四段立方積 32
1 自乘四又四[127]之一十二 48
三之六分 24
再乘一分 4

加二尺爲三乘方 2 三自乘〔一段〕 三自乘一十六分
1 再自乘八又四之三十二
自乘四又六之二十四分

126) 이항계수를 말하는 것이다.
127) 三으로 고쳐야 한다.

四之八分
三自乘一分

又四之爲四段三乘方積 64 加二尺爲四乘方 2
128 1
96
32
4

四乘方〔一段〕 四自乘三十二分 又四之爲四段四乘方積 128
三自乘一十六又五之八又八十 320
再自乘八又十之八十分 320
自乘四又十之四十分 160
五之一十分 40
四自乘一分 4

五位併之 240 寄位 列積四之與寄位相消 得開方式 −5212
512 512
447 447
196 196
44 44
4 4

四乘方開之 得圓徑二尺 各加二尺 卽方面合問〔平圓徑自之 又三之則自爲四段平圓積 故不言四◯倂位之法 卽首位與首位相倂 次位與次位相倂 已下皆倣此例◯旣演虛積 以倂五位則實積之數乃反爲負 於此而相與消長也◯此五位倂之者乃假演虛積 以成五段共積之數 然後始以實積 相與消長 以得開方之式也 下倣此〕

一分爲隅 以上加因法〔平方圓 立方圓 三乘方 四乘方〕

此隅以通稱廉隅言之◯方曰平廉 方廉廉曰長廉 下廉隅曰小隅〔今以一十一自之則中位得二 再自之則中位得三三 三自之則中位得四六四 四自之則中位得五十十五 與平立三四乘方中數自然而默合矣 已下準一十二遞乘 數三分者準一十三遞乘數 餘悉倣此◯此法雖簡捷 亦有不得通行處 但以鋪地錦術御之則位次井井 無不通矣 後倣此〕

☞ 역자 주: 풀이의 천원1에 의한 표기를 오늘날의 방정식 표기법으로 고쳐 쓰

면 다음과 같다.

원의 지름: x

원의 넓이의 4배: $3x^2$

정사각형의 한 변: $x+2$

넓이: x^2+4x+4

넓이의 4배: $4x^2+16x+16$

정육면체의 한 모서리: $x+2$

부피: $x^3+6x^2+12x+8$

부피의 4배: $4x^3+24x^2+48x+32$

삼승방의 한 모서리: $x+2$

부피: $x^4+8x^3+24x^2+32x+16$

부피의 4배: $4x^4+32x^3+96x^2+128x+64$

사승방의 한 모서리: $x+2$

부피: $x^5+10x^4+40x^3+80x^2+80x+32$

부피의 4배: $4x^5+40x^4+160x^3+320x^2+320x+128$

다섯 부피의 각 4배를 모두 합하면 1363의 4배이므로 다음 식이 성립한다.

$$4x^5+44x^4+196x^3+447x^2+512x+240=5452$$

$$4x^5+44x^4+196x^3+447x^2+512x-5212=0$$

이 오차방정식을 풀어 원의 지름 2를 얻고 나머지는 모두 2를 더하면 4이다.

[3] 개방술

	제1위	제2위	제3위 평방끝	제4위 입방끝	제5위 삼승방끝	제6위 사승방끝
(1푼) 평방	제곱 (실)	곱하기 2 (방)염	제곱 (염)소우			
입방	세제곱 (실)	제곱 다시곱하기3 (방)자승렴 평염방염	곱하기3 (염)장염	세제곱 (우)소우		
삼승방	네제곱 (실)	세제곱 다시곱하기4 (방)제승염	제곱 다시곱하기6 (상렴)자승렴	곱하기4 (하렴)장염	네제곱 (우)소우	
사승방	5제곱 (실)	네제곱 다시곱하기5 (방)3승염	세제곱 다시곱하기10 (상렴)제승염	제곱 다시곱하기10 (중렴)자승렴	곱하기5 (하렴)장염	5제곱 (우)소우
(2푼) 평방	제곱	곱하기 4	제곱			
입방	세제곱	제곱 다시곱하기6	곱하기12	세제곱		
삼승방	네제곱	세제곱 다시곱하기8	제곱 다시곱하기24	곱하기32	네제곱	
사승방	5제곱	네제곱 다시곱하기10	세제곱 다시곱하기40	제곱 다시곱하기80	곱하기80	5제곱
(3푼) 평방	제곱	곱하기6	제곱			
입방	세제곱	제곱 다시곱하기9	곱하기27	세제곱		
삼승방	네제곱	세제곱 다시곱하기12	제곱 다시곱하기54	곱하기108	네제곱	
사승방	5제곱	네제곱 다시곱하기15	세제곱 다시곱하기90	제곱 다시곱하기270	곱하기405	5제곱
(4푼) 평방	제곱	곱하기8	제곱			
입방	세제곱	제곱 다시곱하기12	곱하기48	세제곱		
삼승방	네제곱	세제곱 다시곱하기16	제곱 다시곱하기96	곱하기256	네제곱	
사승방	5제곱	네제곱 다시곱하기20	세제곱 다시곱하기160	제곱 다시곱하기640	곱하기1280	5제곱
(5푼) 평방	제곱	곱하기10	제곱			
입방	세제곱	제곱 다시곱하기15	곱하기75	세제곱		
삼승방	네제곱	세제곱 다시곱하기20	제곱 다시곱하기150	곱하기500	네제곱	
사승방	5제곱	네제곱 다시곱하기25	세제곱 다시곱하기250	제곱 다시곱하기1250	곱하기3125	5제곱

(6푼) 평방	제곱	곱하기12	제곱			
입방	세제곱	제곱 다시곱하기18	곱하기108	세제곱		
삼승방	네제곱	세제곱 다시곱하기24	제곱 다시곱하기216	곱하기864	네제곱	
사승방	5제곱	네제곱 다시곱하기30	세제곱 다시곱하기360	제곱 다시곱하기2160	곱하기6480	5제곱
(7푼) 평방	제곱	곱하기14	제곱			
입방	세제곱	제곱 다시곱하기21	곱하기147	세제곱		
삼승방	네제곱	세제곱 다시곱하기28	제곱 다시곱하기294	곱하기1372	네제곱	
사승방	5제곱	네제곱 다시곱하기35	세제곱 다시곱하기490	제곱 다시곱하기3430	곱하기 12005	5제곱
(8푼) 평방	제곱	곱하기16	제곱			
입방	세제곱	제곱 다시곱하기24	곱하기192	세제곱		
삼승방	네제곱	세제곱 다시곱하기32	제곱 다시곱하기384	곱하기2048	네제곱	
사승방	4제곱	네제곱 다시곱하기40	세제곱 다시곱하기640	제곱 다시곱하기5120	곱하기20480	5제곱
(9푼) 평방	제곱	곱하기18	제곱			
입방	세제곱	제곱 다시곱하기27	곱하기243	세제곱		
삼승방	네제곱	세제곱 다시곱하기36	제곱 다시곱하기486	곱하기2916	세제곱	
사승방	5제곱	네제곱 다시곱하기45	세제곱 다시곱하기810	제곱 다시곱하기7290	곱하기32805	5제곱
(10푼) 평방	제곱	곱하기20	제곱			
입방	세제곱	제곱 다시곱하기30	곱하기300	세제곱		
삼승방	네제곱	세제곱 다시곱하기40	제곱 다시곱하기600	곱하기4000	네제곱	
사승방	5제곱	네제곱 다시곱하기50	세제곱 다시곱하기1000	제곱 다시곱하기1000 0	곱하기50000	5제곱

	第一位	第二位	第三位 平方止此	第四位 立方止此	第五位 三乘方止此	第六位 四乘方止此
(一分)平方	自之(實)	二之(方)廉	自之(廉)小隅			
立方	再自之(實)	自之又三之(方)自乘廉平廉方廉	三之(廉)長廉	再自之(隅)小隅		
三乘方	三自之(實)	再自之又四之(方)再乘廉	自之又六之(上廉)自乘廉	四之(下廉)長廉	三自之(隅)小隅	
四乘方	四自之(實)	三自之又五之(方)三乘廉	再自之又十之(上廉)再乘廉	自之又十之(中廉)再乘廉	五之(下廉)長廉	四自之(隅)小隅
(二分)平方	自之	四之	自之			
立方	再自之	自之又六之	十二之	再自之		
三乘方	三自之	再自之又八之	自之又二十四之	三十二之	三自之	
四乘方	四自之	三自之又十之	再自之又四十之	自之又八十之	八十之	四自之
(三分)平方	自之	六之	自之			
立方	再自之	自之又九之	二十七之	再自之		
三乘方	三自之	再自之又十二之	自之又五十四之	一百空八之	三自之	
四乘方	四自之	三自之又十五之	再自之又九十之	自之又二百七十之	四百空五之	四自之
(四分)平方	自之	八之	自之			
立方	再自之	自之又十二之	四十八之	再自之		
三乘方	三自之	再自之又十六之	自之又九十六之	二百五十六之	三自之	
四乘方	四自之	三自之又二十之	再自之又一百六十之	自之又六百四十之	一千二百八十之	四自之
(五分)平方	自之	十之	自之			
立方	再自之	自之又十五之	七十五之	再自之		
三乘方	三自之	再自之又二十之	自之又一百五十之	五百之	三自之	
四乘方	四自之	三自之又一十五之	再自之又二百五十之	自之又一千二百五十之	三千一百二十五之	四自之

(六分)平方	自之	十二之	自之			
立方	再自之	自之 又十八之	一百空八之	再自之		
三乘方	三自之	再自之 又二十四之	自之 又二百一十六之	八百六十四之	三自之	
四乘方	四自之	三自之 又三十之	再自之 又三百六十六	自之 又二千一百六十之	六千四百八十之	四自之
(七分)平方	自之	十四之	自之			
立方	再自之	自之 又二十一之	一百四十七之	再自之		
三乘方	三自之	再自之 又二十八之	自之 又二百九十四之	一千三百七十二之	三百之	
四乘方	四自之	三自之 又三十五之	再自之 又四百九十之	自之 又三千四百三十之	一萬二千空空五之	四自之
(八分)平方	自之	十六之	自之			
立方	再自之	自之二十四之	一百九十二之	再自之		
三乘方	三自之	再自之 又三十二之	自之 又三百八十四之	二千空四十八之	三自之	
四乘方	四自之	三自之 又四十之	再自之 又六百四十之	自之 又五千一百二十之	二萬空四百八十之	四自之
(九分)平方	自之	十八之	自之			
立方	再自之	自之 又二十七之	二百四十三之	再自之		
三乘方	三自之	再自之 又三十六之	自之 又四百八十六之	二千九百一十六之	三自之	
四乘方	四自之	三自之 又四十五之	再自之 又八百一十之	自之 又七千二百九十之	三萬二千八百空五之	四自之
(十分)平方	自之	二十之	自之			
立方	再自之	自之 又三十之	三百之	再自之		
三乘方	三自之	再自之 又四十之	自之 又六百之	四千之	三自之	
四乘方	四自之	三自之 又五十之	再自之 又一千之	自之 又一萬之	五萬之	四自之

1을 우로 할 때 평방하면 두 번째 수는 2이다. 따라서 2를 우로 할 때 2를 두 번째 수 2에 곱함으로 4이다. 〔나머지도 이와 같다.〕 또 1이 우이고 입방하면 두 번째와 세 번째 수는 모두 3이다. 따라서 2를 우로 하면 두 번째 수 3을 2배하여 6이고 다시 2를 제곱하여 4를 세 번째 수 3배하여 12이다. 또 1을 우로 하여 삼승방하면 두 번째 수는 4이고 세 번째 수는 6이고 네 번째 수는 4이다. 따라서 2를 우로 하면 두 번째 수 4를 2배하여 8이고 다시 2를 제곱하여 4를 세 번째 수 6에 곱하여 24이고 다시 2를 세제곱하여 8을 네 번째 수 4에 곱하여 32이다. 〔3이상 다시 사승방 이상도 모두 이와 같다.〕
以一爲隅則平方 二位得二 故以二爲隅 則以二因二位二得四〔餘同〕 且如以一爲隅則立方 二位三位皆得三 故以二爲隅 則二因二位三得六 又二自之得四因三位三得十二 且如以一爲隅則三乘方 二位得四 三位得六 四位得四 故以二爲隅 則二因二位四得八 又二自之得四因三位六得二十四 又二再自之得八因四位四得三十二〔三分以上及四乘方以上皆倣此〕

〔3-11〕 지금 원, 정사각형, 정육면체, 삼승방, 사승방이 있어 부피의 총합은 16077자이다. 다만 정사각형의 한 변은 사승방의 한 모서리의 $\frac{1}{2}$이고, 삼승방의 한 모서리의 $\frac{1}{3}$이며, 정육면체의 한 모서리의 $\frac{1}{4}$이고, 원의 지름은 정사각형의 한 변보다 1자 작다고 한다. 각각 얼마인가?
今有平圓徑平方面立方面三乘方面四乘方面　五段共積一萬六千空七十七尺 只云平方面爲四乘方二分之一 三乘方三分之一 立方面四分之一而 圓徑少平方面一尺 問各幾何

답: 원의 지름 2자, 정사각형의 한 변 3자,
　삼승방의 한 모서리 9자, 사승방의 한 모서리 6자,
　정육면체의 한 모서리 12자, 각 4단〔총 부피의 4배 64308자〕
答曰平圓徑二尺 平方面三尺 三乘方九尺 四乘方六尺 立方面十二尺 各四段〔四積六萬四千 三百空八尺〕

원의 지름을 천원1로 놓자. 0 1자를 더하면 정사각형의 한 변 1이다.
1 1
제곱하여〔1단〕 제곱하여 1 이다. 다시 4배하여 정사각형 넓이의
2를 곱하여 2
제곱하여 1
4배는 4 이다. 2배하여 사승방의 한 모서리 2 이다. 5제곱하면〔1단〕
8 2
4
5제곱하여 32 다시 4배하여 사승방 부피의 4배는

네제곱한 16에 10을 곱하여 160
세제곱한 8에 40을 곱하여 320
제곱한 4에 80을 곱하여 320
80을 곱하여 160
5제곱하여 32

128 이다. 3배하여 삼승방의 한 모서리는 3 이다. 네제곱하면〔1단〕
640 3
1280
1280
640
128

네제곱하여 81 이다. 다시 4를 곱하여 삼승방 부피
세제곱한 27에 12를 곱하여 324
제곱한 9에 54를 곱하여 486
108을 곱하여 324
네제곱하여 81

의 4배는 324 이다. 4배하면 정육면체의 한 모서리 4 이고
1296 4

1944
1296
324

세제곱하면〔1단〕 세제곱하여 64 이다.
제곱한 16에 12를 곱하여 192
48을 곱하여 192
세제곱하여 64

다시 4배하여 정육면체 부피의 4배는 256 이다. 다시 원의 지름을
768
768
256

제곱하고 3배하면 원 넓이의 4배 0 이다. 이다. 이상의 다섯을 모두
0
3

더하면 712 이다. 이것을 옆에 놓아두자. 문제에서 주어진 부피의
2712
3999
2832
964
128

총합을 4배하여 옆에 놓아둔 것과 서로 셈하면 −63596 이다.
2712
3999
2832
964
128

이 사승방을 풀면 원의 지름을 얻고, 1자를 더하면 정사각형의 한 변이고, 2배하면 사승방의 한 모서리이고, 3배하면 삼승방의 한 모서리이고, 4배하면 정육면체의 한 모서리이다.

立天元一爲圓徑 0 加一尺爲平方面 1 自之〔一段〕自之一
1 1 二之二
自之一

又四之爲四段平方積 4 二分之爲四乘方面 2 四自乘〔一段〕
8 2
4

四自乘三十二分 又四之爲四段四乘方積 128
三自乘一十六又十之一百六十 640
再自乘八又四十之三百二十分 1280
自之四又八十之三百二十分 1280
八十之一百六十分 640
四自乘三十二分 128

三分之爲三乘方面 3 三自乘〔一段〕三自乘八十一分
3 再自乘二十七又十二之三百二十四
自之九又五十四之四百八十六分
一百空空八之三百二十四分
三自乘八十一分

又四之爲四段三乘方積 324 四分之爲立方面 4 再自乘〔一段〕
1296 4
1944
1296
324

再自乘六十四分 又四之爲四段立方積 256
自之一十六又十二之一百九十二 768
四十八之一百九十二分 768
再自乘六十四分 256

又列圓徑自之又三之 爲四段平圓積 0 五位併之 712
0 2712
3 3999
2832
964
128

寄位 列積四之與寄位相消得式 −63596 四乘方開之 得圓徑

2712
3999
2832
964
128

加一尺得平方面 二之得四乘方 三之得三乘方 四之得立方面合問

☞ 역자 주: 풀이의 천원1에 의한 표기를 오늘날의 방정식 표기법으로 고쳐 쓰면 다음과 같다.

원의 지름: x

원의 넓이의 4배: $3x^2$

정사각형의 한 변: $x+1$

넓이: x^2+2x+1

넓이의 4배: $4x^2+8x+4$

사승방의 한 모서리: $2x+2$

부피: $32x^5+160x^4+320x^3+320x^2+160x+32$

부피의 4배: $128x^5+640x^4+1280x^3+1280x^2+640x+128$

삼승방의 한 모서리: $3x+3$

부피: $81x^4+324x^3+486x^2+324x+81$

부피의 4배: $324x^4+1296x^3+1944x^2+1296x+324$

정육면체의 한 모서리: $4x+4$

부피: $64x^3+192x^2+192x+64$

부피의 4배: $256x^3+768x^2+768x+256$

다섯 부피의 각 4배를 모두 합하면 16077의 4배이므로 다음 식이 성립한다.

$$128x^5+964x^4+2832x^3+3999x^2+2712x+712=64308$$

$$4x^5+44x^4+196x^3+447x^2+512x-63596=0$$

이 오차방정식을 풀어 원의 지름을 얻고 나머지를 차례로 구한다.

〔3-12〕 지금 다섯 도형의 총 부피가 846자 반이다. 다만 밀원의 지름이 정사각형의 한 변보다 1자 작고 고원의 지름의 7배이고, 구의 지름은 정육면체의 한 모서리보다 1자 작고 고원의 지름의 3배라고 한다.

각각은 얼마인가?
今有五段共積八百四十六尺半 只云密圓徑少平方面一尺而 七倍於古徑 立圓徑少立方面一尺而 三倍於古徑 問各幾何

답: 고원의 지름 2자, 구의 지름 6자,
　　정육면체의 한 모서리 7자, 밀원의 지름 14자,
　　정사각형의 한 변 15자,
　　각 112단 〔총 부피의 112배는 94808자〕
答曰古徑二尺 立圓徑六尺 立方面七尺 密圓徑十四尺 平方面十五尺 各一百一十二段 〔一百一十二積九萬四千八百空空八尺〕

고원의 지름을 천원1로 놓는다. 0 3배하면 구의 지름이다. 0
1　3
세제곱한다. 세제곱하여 0 이다. 9를 곱하고〔16단〕
제곱하여 0 다시 9를 곱하여 0
27을 곱하여 0
세제곱하여 27
다시 7배하여 0 이다. 1자를 더하면 정육면체의 한 모서리
0
0
1701
1 이고 세제곱한다.〔1단〕 세제곱하여 1 이다.
3 제곱한 1에 다시 9를 곱하여 9
27을 곱하여 27
세제곱하여 27
112를 곱하여 112 이다. 다시 고원의 지름을 7배하면 밀원의
1008
3024
3024
지름 0 이고 제곱한다. 제곱하여 0 이다. 22배하고〔28단〕
7 14를 곱하여 0
제곱하여 49

다시 4배하여 0 이다. 1자를 더하면 정사각형의 한 변 1 이다.
0 7
4312
제곱한다.〔1단〕 제곱하여 1 이다. 112를 곱하여 112 이다.
14를 곱하여 14 1568
제곱하여 49 4488
다시 고원의 지름을 제곱한다. 제곱하여 0 이다. 3배〔4단〕하고 다시
2배하여 0
제곱하여 1
28배한다. 0 다섯 수를 모두 합한다. 224
0 2576
84 2908
4725
이것을 옆에 놓아두자. 문제에서 주어진 부피에 112를 곱하여 옆에 놓아둔 것과 계산하면 −94584 이다. 삼승방을 풀면 고원의 지름
2576
12908
4725
2자를 얻고, 3배하여 구의 지름, 7배하여 밀원의 지름, 밀원의 지름에 1자를 더하여 정사각형의 한 변, 구의 지름에 1자를 더하여 정육면체의 한 모서리를 얻는다.

立天元一爲古徑 0 三分之爲立圓徑 0 再自乘 再自乘 0
1 3 自之 0 又九之 0
二十七之 0
再自乘二十七分
九之〔十六段〕 又七之 0 加一尺爲立方面 1 再自乘〔一段〕
0 3
0
1701
再自乘一分 一百一十二之 112 又列古徑七分之爲密圓徑
自之一又九之九 1008
二十七之二十七 3024

再自乘二十七分　　3024

0 自之 自之 0　二十二之〔二十八段〕又四之　0 加一尺爲平方面
7　十四之 0　0
自之四十九　4312
1 自之〔一段〕自之一分　一百一十二之　112 又列古徑自之 自之 0
7　十四之十四　1568　二之 0
自之四十九　4488　自之一
三之〔四段〕又二十八之　0 五位倂之　224 寄位
0　2576
84　2908
4725
列積以一百一十二乘之 與寄位相消得式 −94584 立方開之得古徑二尺
2576
12908
4725
三之爲立圓徑 七之爲密徑 密徑加一卽平方面 立圓加一卽立方面合問

☞ 역자 주: 풀이의 천원1에 의한 표기를 오늘날의 방정식 표기법으로 고쳐 쓰면 다음과 같다.

고원의 지름: x

제곱하여 3과 28을 곱하면: $84x^2$

(고원의 넓이가 $\frac{3(\text{지름})^2}{4}$ 이므로 이 값은 4×28(112배)이다.)

구의 지름: $3x$

지름의 세제곱 $27x^3$에 9와 7을 곱하면: $1701x^3$

(구의 부피가 $\frac{9(\text{지름})^3}{16}$ 이므로 이 값은 부피의 16×7배(112배)이다.)

정육면체의 한 모서리: $3x+1$

부피: $27x^3+27x^2+9x+1$

부피의 112배: $3024x^3+3024x^2+1008x+112$

밀원의 지름: $7x$

제곱하여 22와 4를 곱하면: $4312x^2$

(밀원의 넓이가 $\frac{22(\text{지름})^2}{28}$ 이므로 이 값은 넓이의 28×4배(112배)이다.)

정사각형의 한 변: $7x+1$

넓이의 112배: $4488x^2+1568x+112$

다섯 부피의 각 112배를 모두 합하면 846.5의 112배이므로 다음 식이 성립한다.

$$4725x^3+2908x^2+2576x+224=94808$$

$$4725x^3+2908x^2+2576x-94584=0$$

이 삼차방정식을 풀어 고원의 지름을 얻고 나머지를 차례로 구한다.

〔3-13〕 지분취용법(之分取用法)

무릇 분수에서 분모로 분자를 나누어 각각의 수를 얻는다. 그 수를 생각하여 보면 분모를 10의 비율로 하고 있다. 〔가령 $\frac{1}{5}$은 분모로 분자를 나누면 2리이다. 1푼을 5개로 나누면 1개는 각각 2리이기 때문이다.〕

$\frac{1}{2}$〔바로 반이다.〕

$\frac{2}{3}$〔1푼 반. $\frac{2}{3}$가 1푼 반이라는 것은 분자 2로 분모 3을 나누면 1푼 반을 얻는다는 것이다. $\frac{2}{5}$가 2푼 반인 것은 역시 2로 5를 나누면 2푼 반을 얻는다는 것이다. 나머지도 이와 같다.〕

$\frac{2}{4}$〔바로 $\frac{1}{2}$〕, $\frac{3}{4}$〔나누어 떨어지지 않으므로 가분수로 나타낸다. 이것은 $\frac{3}{4}$에서와 같이 분자 3으로 분모 4를 나누면 $1\frac{1}{3}$푼을 얻어 가분수로 고쳐 분자 4푼을 얻는 것이다. 나머지도 같다. $\frac{2}{4}$가 바로 $\frac{1}{2}$인 것은 약분이다. 나머지도 같다.〕

$\frac{2}{5}$〔2푼 반〕, $\frac{3}{5}$〔나누어 떨어지지 않으므로 가분수로 나타낸다.〕, $\frac{4}{5}$〔1푼 소,[128] 소는 25이다. (4로 1을 나눈 것이다.)〕

128) 본문에도 설명되어 있듯이, 소는 기준의 4분의 1, 즉 0.25를 말하며 태는 기준

$\frac{2}{6}$〔바로 $\frac{1}{3}$〕, $\frac{3}{6}$〔바로 $\frac{1}{2}$〕, $\frac{4}{6}$〔바로 $\frac{2}{3}$〕, $\frac{5}{6}$〔1푼 2〕

$\frac{2}{7}$〔3푼 반〕, $\frac{3}{7}$〔나누어 떨어지지 않으므로 가분수로 나타낸다.〕, $\frac{4}{7}$〔1푼 태, 태는 75이다. (3을 4로 나눈 것이다.)〕, $\frac{5}{7}$〔1푼 4〕, $\frac{6}{7}$〔나누어 떨어지지 않으므로 가분수로 나타낸다.〕

$\frac{2}{8}$〔바로 $\frac{1}{4}$〕, $\frac{3}{8}$〔나누어 떨어지지 않으므로 가분수로 나타낸다.〕, $\frac{4}{8}$〔바로 $\frac{1}{2}$〕, $\frac{5}{8}$〔1푼 6〕, $\frac{6}{8}$〔바로 $\frac{3}{4}$〕, $\frac{7}{8}$〔나누어 떨어지지 않으므로 가분수로 나타낸다.〕

$\frac{2}{9}$〔4푼 반〕, $\frac{3}{9}$〔바로 $\frac{1}{3}$〕, $\frac{4}{9}$〔2푼 소〕, $\frac{5}{9}$〔1푼 8〕, $\frac{6}{9}$〔바로 $\frac{2}{3}$〕, $\frac{7}{9}$〔나누어 떨어지지 않으므로 가분수로 나타낸다.〕, $\frac{8}{9}$〔1푼 1소〕

$\frac{2}{10}$〔바로 $\frac{1}{5}$〕, $\frac{3}{10}$〔나누어 떨어지지 않으므로 가분수로 나타낸다.〕, $\frac{4}{10}$〔바로 $\frac{2}{5}$〕, $\frac{5}{10}$〔바로 $\frac{1}{2}$〕, $\frac{6}{10}$〔나누어 떨어지지 않으므로 가분수로 나타낸다.〕, $\frac{7}{10}$〔나누어 떨어지지 않으므로 가분수로 나타낸다.〕, $\frac{8}{10}$〔바로 $\frac{4}{5}$〕, $\frac{9}{10}$〔나누어 떨어지지 않으므로 가분수로 나타낸다.〕

凡之分之類 以其母除其子各得數 以其位次攷之卽其母爲十分也〔如五分之一以母除子得二厘 盡一分作五段分之 一段各二厘故也〕

二分之一〔卽半〕

三分之二〔一分半◯三分之二作一分半者 以分子二除分母三得一分半也 五分之二作二分半者 亦以二除五得二分半也 餘後此〕

四分之二〔卽二分之一〕 之三〔除不盡通分◯除不盡通分者 如四分之三 以子三除母四得一分三分分之一 通分內子還得四分也 餘倣此◯四分之二卽二分之一者約分也 餘倣此〕

五分之二〔二分半〕 之三〔除不盡通分〕 之四〔一分少◯少二五也(四之一)〕

의 4분의 3, 즉 0.75를 말한다.

六分之二〔卽三分之一〕 之三〔卽二分之一〕 之四〔卽三分之二〕 之五〔一分二〕
七分之二〔三分半〕 之三〔除不盡通分〕 之四〔一分太○太七五也(四之三)〕 之五〔一分四〕 之六〔除不盡通分〕
八分之二〔卽四分之一〕 之三〔除不盡通分〕 之四〔卽二分之一〕 之五〔一分六〕 之六〔卽四分之三〕 之七〔除不盡通分〕
九分之二〔四分半〕 之三〔卽三分之一〕 之四〔二分少〕 之五〔一分八〕 之六〔卽三分之二〕 之七〔除不盡通分〕 之八〔一分一少〕
十分之二〔卽五分之一〕 之三〔除不盡通分〕 之四〔卽五分之二〕 之五〔卽二分之一〕 之六〔除不盡通分〕 之七〔除不盡通分〕 之八〔卽五分之四〕 之九〔除不盡通分〕

〔3-14〕 지분위우가인법(之分爲隅加因法)
〔원, 구, 삼승방, 사승방 이상도 이와 같이 미루어 생각할 수 있다.〕
〔이 우도 역시 보통 염우를 말한다.〕
(0.5) 평방 제곱 곱1 제곱
입방 세제곱 제곱 곱1.5 곱0.75 세제곱
삼승방 네제곱 세제곱 곱2 제곱 곱1.5 곱0.5 네제곱
(1.5) 평방 제곱 곱3 제곱
입방 세제곱 제곱 곱4.5 곱6.75 세제곱
삼승방 네제곱 세제곱 곱6 제곱 곱13.5 곱13.5 네제곱
(2.5) 평방 제곱 곱5 제곱
입방 세제곱 제곱 곱7.5 곱18.75 세제곱
삼승방 네제곱 세제곱 곱16 제곱 곱37.5 곱62.5 네제곱
(1.25)평방 제곱 곱2.5 제곱
입방 세제곱 제곱 곱3.75 곱4.6875 세제곱
삼승방 네제곱 세제곱 곱5 제곱 곱9.375 곱7.8125 네제곱
(1.2) 평방 제곱 곱2.4 제곱
입방 세제곱 제곱 곱3.6 곱4.32 세제곱
삼승방 네제곱 세제곱 곱4.8 제곱 곱8.64 곱6.912 네제곱
(3.5) 평방 제곱 곱7 제곱

입방 세제곱 제곱 곱10.5 곱36.75 세제곱
삼승방 네제곱 세제곱 곱14 제곱 곱73.5 곱171.5 네제곱
(1.75) 평방 제곱 곱3.5 제곱
입방 세제곱 제곱 곱5.25 곱9.1875 세제곱
삼승방 네제곱 세제곱 곱7 제곱 곱18.375 곱21.4375 네제곱
(1.4) 평방 제곱 곱2.8 제곱
입방 세제곱 제곱 곱4.2 곱5.88 세제곱
삼승방 네제곱 세제곱 곱5.6 제곱 곱11.76 곱10.976 네제곱
(1.6) 평방 제곱 곱3.2 제곱
입방 세제곱 제곱 곱4.8 곱7.68 세제곱
삼승방 네제곱 세제곱 곱6.4 제곱 곱15.36 곱16.384 네제곱
(4.5) 평방 제곱 곱9 제곱
입방 세제곱 제곱 곱13.5 곱60.75 세제곱
삼승방 네제곱 세제곱 곱18 제곱 곱121.5 곱364.5 네제곱
(2.25) 평방 제곱 곱4.5 제곱
입방 세제곱 제곱 곱6.75 곱15.175 세제곱
삼승방 네제곱 세제곱 곱9 제곱 곱30.375 곱45.56 네제곱
(1.8) 평방 제곱 곱3.6 제곱
입방 세제곱 제곱 곱5.4 곱9.72 세제곱
삼승방 네제곱 세제곱 곱7.2 제곱 곱19.44 곱23.328 네제곱
(1.125) 평방 제곱 곱2.25 제곱
입방 세제곱 제곱 곱3.375 곱3.796875 세제곱
삼승방 네제곱 세제곱 곱4.5 제곱 곱7.59375
곱5.6953125 네제곱

이 방법은 1을 우로 할 때와 같이 생각한다.

〔平方圓立方圓三乘方四乘方以上倣此可推〕

〔此隅亦稱廉隅言之〕

(半分)平方 自之 一分之 自之
立方 再自之 自之又一分半 七分半之 再自之
三乘方 三自之 再自之又二分之 自之又一十五分之 五十分之 三自之
(一分半)平方 自之 三分之 自之
立方 再自之 自之又四分半之 六分太之 再自之
三乘方 三自之 再自之又六分之 自之又一十三分半之 一十分半之 三自之

(二分半)平方 自之　五分之　自之
立方 再自之　自之又七分半之　一十八分太之一　再自之
三乘方 三自之　再自之又一十分之　自之又三十七分半之　六十二分半之　三自之
(一分少)平方 自之　二分半之　自之
立方 再自之　自之又三分太之　四分六八太之　再自之
三乘方 三自之　再自之又五分之　自之又九分三太之　七分八一少之　三自之
(一分二)平方 自之　二分四之　自之
立方 再自之　自之又三分六之　四分三二之　再自之
三乘方 三自之　再自之又四分八之 自之又八分六四之　六分九一二之　三自之
(三分半)平方 自之　七分之　自之
立方 再自之　自之又一十分半之 三十六分太之 再自之
三乘方 三自之 再自之又一十四分之　自之又七十三分半之
一百七一分半之　三自之
(一分太)平方 自之　三分半之　自之
立方 再自之　自之又五分少之　九分一八太之　再自之
三乘方 三自之 再自之又七分之 自之又一十八分三太之 二十分四三太之　三自之
(一分四)平方 自之　二分八之　自之
立方 再自之　自之又四分二之　五分八八之　再自之
三乘方 三自之 再自之又五分六之 自之又一十一分七六之
一十分九七六之 三自之
(一分六)平方 自之　三分二之　自之
立方 再自之　自之又四分八之　七分六八之　再自之
三乘方 三自之　再自之又六分四之　自之又一十五分三六之
一十六分三八四之　三自之
(四分半)平方 自之　九分之　自之
立方 再自之　自之又一十三分半之　六十分太之　再自之
三乘方 三自之　再自之又一十八分之　自之又一百二十一分半之
三百六十四分半之　三自之
(二分少)平方 自之　四分半之　自之
立方 再自之　自之又六分太之　一十五分一分太之　再自之
三乘方 三自之 再自之又九分之 自之又三十分三太之 四十五分五六少之 三自之
(一分八)平方 自之　三分六之　自之
立方 再自之　自之又五分四之　九分七二之　再自之
三乘方 三自之 再自之又七分二之 自之又一十九分四四之
二十三分三二八之　三自之

(一分少)平方 自之 二分少之 自之
立方 再自之 自之又三分三太之 三分七九六八太之 再自之
三乘方 三自之 再自之又四分五之 自之又七分五九三太之
五分六九五三一少之 三自之
此法亦依上一分爲隅以上加因法推之

〔3-15〕 지금 여섯 도형의 총 부피가 $1734\frac{7}{12}$자이다. 다만 정사각형의 한 변은 정육면체의 한 모서리의 $\frac{2}{3}$이고 밀원의 지름의 $\frac{2}{7}$이고 고원의 지름보다 1자 길다고 한다. 또 고원의 둘레는 구의 지름의 $\frac{2}{7}$이고 정사각형의 한 변보다 1자 길다고 한다. 각각은 얼마인가?
今有六段共積一千七百三十四尺一十二分尺之七 只云平方面爲立方面三分之二 密徑七分之二而 過古徑一尺 古周爲立圓七分之二而 過平方面一尺 問各幾何

답: 고원의 지름 2자, 정사각형의 한 변 3자,
고원의 둘레 4자, 정육면체의 한 모서리 4자 반,
밀원의 지름 10자 반, 구의 지름 14자,
각 336단〔부피의 336배는 582820자이다.〕
答曰古徑二尺 平方面三尺 古周四尺 立方面四尺半 密徑一十尺半 立圓徑一十四尺 各三百三十六段〔三百三十六積五十八萬二千八百二十尺〕

천원1을 세워 고원의 지름 0 로 하고 제곱한다. 제곱하여 0
1 2배하여 0
제곱하여 1
3배〔4단〕하고 84를 곱한다. 0 고원의 넓이의 336배이다.
0
252
1자를 더하면 정사각형의 한 변 1 이다. 제곱한다. 제곱하여 1
1 2배하여 2

제곱하여 1

336배 한다. 336　1배 반하면 정육면체의 한 모서리 1.5 이다.

672　1.5

336

세제곱한다. 세제곱하여 3.375

제곱한 2.25에 다시 4.5를 곱하여 10.125

6.75를 곱하여 10.125

세제곱하여 3.375

336배한다. 1134 이것이 정육면체의 부피이다. 3배 반하면[129]

3402

3402

1134

밀원의 지름이다. 3.5　제곱한다.　제곱하여 12.25

3.5　7배하여 24.5

제곱하여 12.25

22배〔28단〕하고 다시 12배하여 밀원의 넓이 3234 이다. 다시

6468

3234

고원의 지름에 2자를 더하면 고원의 둘레 2 이다. 제곱한다. 〔12단〕

1

제곱하여 4　고원의 둘레를 3.5배한다. 7　이것이 구의 지름

2배하여 4　3.5

제곱하여 1 [130]

이다. 세제곱한다. 세제곱하여 343

제곱한 49에 10.5를 곱하여 514.5

36.75를 곱하여 257.25

세제곱하여 42.875

129) 평방면을 3배 반하는 것이다.

130) 이것은 넓이의 12배이다. 336배를 만들어야 하므로 다음을 삽입하여야 한다. 28을 곱하여 다음과 같다.

112

112

28

9를 곱하고〔16단〕 21배하면 64827 가 구의 부피이다.

97240.5

48620.25

8103.375

이상의 여섯 수를 모두 더한다. 69643 이것을 옆에 놓아두자.

107894.5

55872.25

9237.375

주어진 부피를 가분수로 고쳐 분자에 다시 28을 곱하여 옆에 놓은 것과 계산한다. －513177 이 삼승방을 풀면 고원의 지름을 얻고

107894.5

55872.25

9237.375

1자를 더하면 정사각형의 한 변이고, 2자를 더하면 고원의 둘레이고, 다시 정사각형의 한 변을 2로 나누어 3배하면 정육면체의 한 모서리이고, 7배하면 밀원의 지름이다. 다시 고원의 둘레를 2로 나누어 7배하면 구의 지름이다. 〔336단이란 것은 고원의 지름이 4단, 고원의 둘레가 12단, 구의 지름이 16단, 밀원의 지름이 28단이므로 서로 곱하여 모두 21504이나 64로 약분하여 336단을 얻는다. 고원의 지름 84와 고원의 둘레 28과 밀원의 지름 12와 구의 지름 21은 각각 단으로 336단을 약분하여 얻은 것이다. 만약 336단을 더 작은 수로 줄인다면 각 단에서 소수점이 나와서 더하거나 배할 때 번거로우므로 반드시 336을 이용한다. 나머지도 같다. 문제에서 주어진 부피에 있는 분모도 마땅히 서로 곱해야 하나 고원 둘레의 단수와 같으므로 같이 서로 곱할 필요는 없다.〕

立天元一爲古徑 0 自之 自之 0 三之〔四段〕 八十四之 0

1 二之 0 0

自之 一 252

爲三百三十六段積 加一尺爲平方面 1 自之 自之 一 三百三十六之 336

1 二之 二 672

自之 一 336

一分半之爲立方面 1.5 再自乘 再自乘三分三七五

1.5 自之二分二五又四分半之一十0分一二五
六分七五之一十0分一二五
再自乘三分三七五

三百三十六之 1134 爲立方積 三分半之爲密徑 3.5
3402 3.5
3402
1134

自之 自之一十二分二五 二十二之〔二十八段〕又十二之 3234
七分之二十四分半 6468
自之一十二分二五 3234

爲密徑積 又列古徑加二尺爲古周 2 自之〔十二段〕自之四 爲古周積
1 二之四
自之一

三分半之 爲立圓徑 7 再自乘 再自乘三百四十三分
3.5 自之四十九 又十0分五之 五百一十四分五
三十六分七五之 二百五十七分二五
再自乘四十二分八七五

九之〔十六段〕二十一之 64827 爲立圓積 六位倂之 69643
97240.5 107894.5
48620.25 55872.25
8103.375 9237.375

寄位 列積通分內子 又二十八之 與寄位相消得式 −513177
107894.5
55872.25
9237.375

立方開之得古徑 加一得平方 加二得古周 又平方二而一 又三之得立方面 七之得密徑 又古周二而一又七之得立徑〔三百三十六段者古徑四段古周十二段立圓徑十六段密徑二十八段 相乘共得二萬一千五百空四 以六十四約之得三百三十六段也 古徑八十四古周二十八密徑十二立徑二十一者 各以段約三百三十六段所得也 若三百三十六段又減折 則各段所約出於零下 如加倍則數煩 故必用三百三十六也 餘同○積分母亦當與相乘而 適與古周段等 故不與相乘〕

☞ 역자 주: 풀이의 천원1에 의한 표기를 오늘날의 방정식 표기법으로 고쳐 쓰면 다음과 같다.

고원의 지름: x

제곱하여 3과 84를 곱하면: $252x^2$(고원 넓이의 336배)

정사각형의 한 변: $x+1$

넓이의 336배: $336x^2+672x+336$

정육면체의 한 모서리: $1.5x+1.5$

부피: $3.375x^3+10.125x^2+10.125x+3.375$

부피의 336배: $1134x^3+3402x^2+3402x+1134$

밀원의 지름: $3.5x+3.5$

제곱하면: $12.25x^2+24.5x+12.25$

22와 12를 곱하면: $3234x^2+6468x+3234$ (밀원 넓이의 28×12배(336배))

고원의 둘레: $x+2$

제곱하면: x^2+4x+4 (넓이의 12배)

28을 곱하면: $28x^2 112x+112$ (넓이의 336배)

구의 지름: $3.5x+7$

세제곱하면: $42.875x^3+257.25x^2+514.5x+343$

9와 21을 곱하면: $8103.375x^3+48620.25x^2+97240.5x+64827$ (부피의 336배)

여섯 부피의 각 336배를 모두 더하면 $1734\frac{7}{12}$의 336배이므로 다음 식이 성립한다.

$$9237.375x^3+55862.25x^2+107894.5x+69643=582820$$

$$9237.375x^3+55862.25x^2+107894.5x-513177=0$$

이 삼차방정식을 풀어 고원의 지름을 얻고 나머지를 차례로 구한다.

이하 [3-29]까지의 문제도 같은 유형으로, 문제의 조건에 맞게 천원술을 써서 표현한 고차방정식을 푸는 문제들이다.

〔3-16〕 지금 세 도형의 총 부피가 $19\frac{3}{4}$자이다. 다만 고원의 둘레는

고원의 지름보다 1자 길고, 정사각형의 한 변은 $\frac{3}{4}$과 같다고 한다. 각각은 얼마인가? 〔이하는 제부진통분법이다.〕

今有三段共積一十九尺四分尺之三 只云古周過古徑一尺而 爲平方面四分之三 問各幾何 〔以下除不盡通分法〕

답: 고원의 지름 2자, 고원의 둘레 3자

정사각형의 한 변 4자,

각 24단〔부피의 24배가 474자이고 9배하면 4266자이다.〕

答曰古徑二尺 古周三尺 平方四尺 各二十四段 〔二十四積四百七十四尺九之四千二百六十六尺〕

고원의 지름을 천원1로 놓는다. 0 제곱하고 3을 곱한다. 〔4단〕 6을
1

곱한다. 0 정사각형의 한 변의 분모를 제곱한 9를 곱한다. 0
0 0
18 162

1자를 더하면 고원의 둘레 1 이고 제곱하고 2배한다. 〔12단〕 2
1 4
2

분모 9를 곱한다. 18 고원의 둘레를 4배하면〔$\frac{3}{4}$에서 분자 3으로
36
18

분모 4를 나누면 $1\frac{1}{3}$푼이 되어 가분수로 고치면 분자는 4이다.〕 정사각형의 한 변은 4 가 되어 제곱한다. 제곱하여 16 24배한다. 384
4 8을 곱하여 32 768
제곱하여 16 384

세 수를 모두 합한다. 402 옆에 놓자. 부피를 가분수로 고쳐 분자에
804
564

6을 곱하고 분모 9를 곱하여 옆에 둔 것과 서로 계산하여 식 −3864

804
564

을 얻는다. 이 평방을 풀면 고원의 지름을 얻고 1자를 더하여 고원의 둘레를 얻고 이것을 3으로 나누고 4배하면 바로 정사각형의 한 변이다. 〔정사각형의 한 변을 나타낼 때 3이 분모의 인수이므로 고원의 지름, 고원의 둘레로 표시되는 넓이 및 넓이의 합 역시 통분하면 3의 제곱인 9라는 인수가 있다.〕

立天元一爲古徑	0	自之三之〔四段〕六之	0	平方分母自乘九因之	0
	1		0		0
			18		162

加一尺爲古周	1	自之二之〔十二段〕	2	分母九之	18	四分之〔四分之三
	1		4		36	
			2		18	

以子三除母四 得一分三分分之一通内還得四分〕爲平方面 4 自之
4

自之一十六	二十四之	384	三位併之	402	寄位 列積通内
八之三十二		768		804	
自之一十六		384		564	

又六之分母九之相消得式 −3864 平方開之得古徑 加一卽古周 三除四乘
804
564
卽平方面〔平方乃三分之通 故古徑古周積及共積亦各以三自乘九分通之〕

〔3-17〕 지금 네 도형의 총 부피가 $70\frac{1}{28}$자이다. 다만 고원의 둘레는 고원의 지름보다 1자 길고 정사각형의 한 변의 $\frac{3}{4}$이고 밀원의 지름의 $\frac{3}{8}$이라고 한다. 각각은 얼마인가?

今有四段共積七十尺二十八分尺之一 只云古周過古徑一尺而 爲平方面四分之三 密徑八分之三 問各幾何

답: 고원의 지름 2자, 고원의 둘레 3자
정사각형의 한 변 4자, 밀원의 지름 8자
각 84단
〔부피의 84배는 5883자이고 다시 81을 곱하면 476523자〕
答曰古徑二尺 古周三尺 平方面四尺 密徑八尺 各八十四段〔八十四積五千八百八十三尺 八十一之四十七萬六千五百二十三尺〕

고원의 지름을 천원1로 놓자. 0 제곱하고 3배하고〔4단〕 21을 곱하고
1
다시 정사각형과 밀원의 지름의 분모 81〔정사각형의 분모 3을 제곱하여 9이고 밀원의 지름의 분모 3을 제곱하여 9이고 서로 곱하여 81이다.〕을 곱한다. 0 1자를 더하면 고원의 둘레 1 이다. 제곱하고
0 1
5103
〔12단〕 7을 곱하고 다시 분모 81을 곱한다. 567 고원의 둘레를
1134
567
4배한다. 〔분자 3으로 분모 4를 나누면 $1\frac{1}{3}$ 푼이 되어 가분수로 고치면 분자는 4푼이다.〕 이것은 정사각형의 한 변 4 이다. 제곱한다.
4
제곱하여 16 84를 곱하고 다시 밀원의 지름의 분모 9를 곱한다.
8배하여 32
제곱하여 16

〔3의 제곱이 9이다.〕 12096 고원의 둘레를 8배한다. 〔3으로 8을
24192
12096
나누면 나누어 떨어지지 않으니 가분수로 고쳐 분자를 얻는다.〕 이것은 밀원의 지름 4 이다. 제곱한다. 제곱하여 64 22를 곱하고〔28단〕
4 16을 곱하여 128

제곱하여 64
3을 곱하고 다시 정사각형의 분모 9를 곱한다. 38016 네 개의 수를
76032
38016
모두 더한다. 50679 이것을 옆에 놓아두자. 문제에서 주어진 부피를
101358
55782
가분수로 고쳐 분자에 다시 3을 곱하고 다시 분모 81을 곱하여 476523을 얻는다. 서로 계산하여 평방을 얻어 풀면 고원의 지름을 얻고, 1자를 더하면 고원의 둘레이고, 3으로 나누고 4배하면 정사각형의 한 변이고, 3으로 나누고 8배하면 바로 밀원의 지름이다.

立天元一爲古徑 0 自之三之〔四段〕二十一之 平方密徑分母八十一〔平方
1
分母三自之九 密徑分母三自之九 又相乘八十一〕乘之 0
0
5103
加一尺爲古周 1 自之〔十二段〕七之 又分母八十一之 567
1 1134
567
四分之〔子三除母四 得一分三分分之通內還四分〕爲平方面 4
4
自之 自之一十六 八十四之 又密分母九之〔三自之九〕一萬二千0九十六
八之三十二 二萬四千一百九十二
自之一十六 一萬二千0九十六
八分之〔三除八不盡通內得〕爲密徑 4 自之 自之六十四分
4 十六之一百二十八
自之六十四分
二十二之〔二十八段〕三之 又平方分母九之 三萬八千0一十六
七萬六千0三十二
三萬八千0一十六
四位併之 五萬0六百七十九 寄位 列積通內 又三之又分母八十一之
一十0萬一三五八分

五萬五七八二分

得四十七萬六五二三 相消得式 平方開之 得古徑 加一得古周 三除四因卽平方面 三除八因卽密徑

〔3-18〕 지금 네 도형의 총 부피가 $90\frac{7}{8}$자이다. 다만 정사각형의 한 변은 고원의 지름보다 1자 길고 정육면체의 한 모서리의 $\frac{6}{7}$이고 구의 지름의 $\frac{3}{4}$이라고 한다. 각각은 얼마인가?

今有四段共積九十尺八分尺之七 只云平方面過古徑一尺而 爲立方面七分之六 立圓徑四分之三 問各幾何

답: 고원의 지름 2자, 정사각형의 한 변 3자
정육면체의 한 모서리 3자 반, 구의 지름 4자
각 16단〔부피의 16배는 1454자〕

答曰古徑二尺 平方面三尺 立方面三尺半 立圓徑四尺 各十六段〔十六積一千四百五十四尺〕

고원의 지름을 천원1로 놓자. 0 제곱하고 3배〔4단〕한다. 4를 곱하고
1

정육면체와 구의 분모 5832를 곱한다.〔구의 분모 3을 세제곱하여 27이고 정육면체의 분모 6을 세제곱하여 216이고 두 수를 서로 곱하여 얻는다.〕 0 1자를 더하면 정사각형의 한 변이다. 1
0 1
69984

제곱하여 16과 5832를 곱한다. 93312푼 4배하면 구의 지름이다. 4
186624 4
93312푼

세제곱한다. 세제곱하여 64푼
제곱한 16에 12를 곱하면 192
48을 곱하여 192푼

세제곱하여 64푼

9를 곱하고 정육면체 분모 216을 곱한다. 124416

373248

373248

124416

7배하면 정육면체의 한 변이다. 7

7

세제곱한다. 세제곱하여 343푼

제곱하고 21을 곱하여 1029

147을 곱하여 1029

세제곱하여 343푼

16배하고 구의 분모 27을 곱한다. 148176

444528

444528

148176

네 개를 합한다. 365904 이것을 옆에 놓아두자.

1000044[131)]

981072

272592

문제에서 주어진 부피를 가분수로 고쳐 분자를 2배하고 5832배하면 8479728을 얻어 옆에 놓아둔 식과 서로 계산하여 얻은 입방을 풀면 고원의 지름을 얻고 1자를 더하면 바로 정사각형의 한 변이고, 3으로 나누고 4배하면 구의 지름이고, 6으로 나누어 7배하면 정육면체의 한 모서리이다. 〔정사각형의 분모는 제곱하고 정육면체의 분모는 세제곱하는 것은 이론의 자연적인 추론 과정에서 이루어진다.〕

立天元一爲古徑 0 自之三之〔四段〕 四之立方立圓分母五千八百三十二之

1

〔立圓分母三再自之二十七 立方分母六再自之二百一十六 又相乘得〕

0

0

69984

---

131) 1004400으로 고쳐야 한다.

加一尺爲平方面　1　自之十六之五千八百三十二之　九萬三三一二分
　　　　　　　　1　　　　　　　　　　　　　　十八萬六六二四
　　　　　　　　　　　　　　　　　　　　　　　九萬三三一二分

四分之爲立圓徑　4　再自之　再自之六十四分
　　　　　　　　4　　　　自之十六又十二之一百九十二
　　　　　　　　　　　　　四十八之一百九十二分
　　　　　　　　　　　　　再自之六十四分

九之〔十六段〕立方分母二百一十六之　一十二萬四四一六
　　　　　　　　　　　　　　　　　　三十七萬三二四八
　　　　　　　　　　　　　　　　　　三十七萬三二四八
　　　　　　　　　　　　　　　　　　一十二萬四四一六

七分之爲立方面　7　再自之　再自之三百四十三分
　　　　　　　　7　　　　自之二十一之一千0二十九
　　　　　　　　　　　　　一百四十七之一千0二十九
　　　　　　　　　　　　　再自之三百四十三分

十六之立圓分母二十七之　一十四萬八一七六
　　　　　　　　　　　　四十四萬四五二八
　　　　　　　　　　　　四十四萬四五二八
　　　　　　　　　　　　一十四萬八一七六

四位併之　三十六萬五九0四　　寄位　列積通內二之五千八百三十二之
　　　　　一百00萬四四[132]分
　　　　　九十八萬一0七二
　　　　　二十七萬二五九二

得八百四十七萬九七二八　相消得式　立方開之得古徑　加一尺卽平方面　三除四因立圓徑　六除七因立方面〔平方分母自乘　故立方分母再自乘乃　理勢之自然〕

〔3-19〕 지금 네 도형의 총 부피가 $116\frac{3}{4}$자이다. 다만 고원의 둘레는

---

132) '四四00'으로 고쳐야 한다.

고원의 지름보다 1자 길고 정육면체의 한 모서리의 $\frac{3}{4}$이고 정사각형의 한 변의 $\frac{3}{7}$이라고 한다. 각각은 얼마인가?

今有四段共積一百一十六尺四分尺之三 只云古周過古徑一尺而 爲立方面四分之三 平方面七分之三 問各幾何

답: 고원의 지름 2자, 고원의 둘레 3자
정육면체의 한 모서리 4자, 정사각형의 한 변 7자
각 24단〔부피의 24배는 2802자〕

答曰古徑二尺 古周三尺 立方面四尺 平方面七尺 各二十四段〔二十四積二千八百空空二尺〕

고원의 지름을 천원1로 놓자. 0 제곱하고 3을 곱한다.〔4단〕 6을 곱하
1

고 다시 정사각형과 정육면체의 분모 243을 곱한다. 0
0
4374

1자를 더하면 고원의 둘레이다.1 제곱〔12단〕하고 2와 243을 곱한다.
1

486 4배하면 정육면체의 한 모서리이다. 4
972 4
486

세제곱한다. 세제곱하여 64푼
제곱한 16에 다시 12를 곱하여 192
48을 곱하여 192푼
세제곱하여 64푼

24를 곱하고 정사각형의 분모 9〔3의 제곱〕를 곱한다. 13824
41472
41472
13824

7배하면 정사각형의 한 변이다. 7 제곱한다. 제곱하여 49푼

7 14를 곱하여 98

제곱하여 49푼

24를 곱하고 다시 정육면체의 분모 27〔3의 세제곱〕을 곱한다.

31752

63504

31752

네 수를 합한다. 46062 이것을 옆에 놓아두자.

10594.8

78084

11824[133)]

문제에서 주어진 부피를 가분수로 고쳐 분자에 6을 곱하고 다시 243을 곱하면 680886이다. 옆에 놓아둔 식과 서로 계산하여 입방을 풀면 고원의 지름을 얻고, 1자를 더하면 고원의 둘레이고, 3으로 나누고 4배하면 정육면체의 한 모서리이고, 3으로 나누고 7배하면 정사각형의 한 변이다.

立天元一爲古徑 0 自之三之〔四段〕 六之又平方立方分母二百四十三之

1

0 加一尺爲古周 1 自之〔十二段〕 二之又二百四十三之 486

0 1 972

4374 486

四分之爲立方 4 再自之 再自之六十四分

4 自之十六又十二之一百九十二

四十八之一百九十二分

再自之六十四分

二十四之 又平方分母九 〔三自之得〕之 13824 七分之爲平方面 7

41472 7

41472

13824

自之 自之四十九分 二十四之 又立方分母二十七〔三再自之得〕之 31752

十四之九十八 63504

自之四十九分 31752

133) 13824로 고쳐야 한다.

四位倂之　四萬六0六二　　寄位 列積通内六之又二百四十三之
　　　　　一十0萬五九四八
　　　　　七萬八0八四
　　　　　一萬一[134]八二四
六十八萬空八八六 相消得式 立方開之得古徑 加一卽古周 三除四因立方面 三除七因平方面

〔3-20〕 지금 네 도형의 총 부피가 3397자이다. 다만 고원의 둘레는 정육면체의 한 모서리의 $\frac{2}{5}$이고, 정사각형의 한 변은 고원의 둘레의 $\frac{2}{3}$이고, 고원의 지름은 정사각형의 한 변의 $\frac{1}{2}$이다. 각각은 얼마인가? 〔이하는 갑을병차분법이다.〕
今有四段共積三千三百九十七尺 只云古周爲立方五分之二 平方面爲古周三分之二 古徑爲平方面二分之一 問各幾何〔以下甲乙丙差分法〕

답: 고원의 지름 2자,　정사각형의 한 변 4자
　　고원의 둘레 6자,　정육면체의 한 모서리 15자
　　각 12단〔부피의 12배는 40764자〕
答曰古徑二尺　平方面四尺　古周六尺　立方面十五尺　各十二段〔十二積四萬空七百六十四尺〕

고원의 지름을 천원1로 놓는다. 0 제곱한다. 제곱하여 0
　　　　　　　　　　　　　　　1　　　　　　2배하여 0
　　　　　　　　　　　　　　　　　　　　　　제곱하여 1
3을 곱하고〔4단〕 다시 3을 곱한다. 0　2배하여 0 는 정사각형의 한
　　　　　　　　　　　　　　　　　0　　　　　　2
　　　　　　　　　　　　　　　　　9
변이다. 제곱한다. 제곱하여 0　12를 곱한다. 0 정사각형의 한 변을
　　　　　　　　　4배하여 0　　　　　　　　　0

134) 三으로 고쳐야 한다.

제곱하여 4　　　　　　48
1배 반하면 고원의 둘레 0 이다. 제곱한다. 제곱하여 0
3　　　　　　6을 곱하여 0
제곱하여 9

고원의 넓이의 12배 0 이다. 고원의 둘레를 2배 반하면 정육면체의
0
9
한 모서리이다. 0　세제곱한다.　세제곱하여 0
7.5　　　　제곱하여 0이고 22.5를 곱하여 0
168.75를 곱하여 0
세제곱하여 421.875

12를 곱한다.　0　네 개를 더한다.　0
0　　　　0
0　　　　66
5062.5　　　　5062.5

옆에 놓아두자. 문제에서 주어진 부피를 12배하고 옆에 놓아둔 식과 계산하여 개방식 −40764 를 얻어 입방을 풀면 고원의 지름을
0
66
5062.5

얻고, 2배하여 정사각형의 한 변이고, 2로 나누고 3배하여 고원의 둘레이고, 2로 나누어 5배하여 정육면체의 한 모서리이다. 〔2배 반하여 정육면체의 한 모서리일 때 세제곱하여 두 번째 수에 22.5가 나오는 것은 7.5를 3배한 것이고 세 번째 수에 168.75가 나오는 것은 7.5의 제곱에 3을 곱한 것이다. 실의 자리에서 0이 있으면 음은 그대로 음이다.〕

立天元一爲古徑 0 自之 自之 0　三之〔四段〕又三之 0 二分之爲平方 0
1　　二之 0　　　　0　　　　2
自之 一　　　　9

自之 自之 0　十二之　0　一分半之爲古周 0　自之 自之 0
四之 0　　　0　　　　3　　　六之 0
自之 四　　　48　　　　　　　自之 九

爲十二段古周積	0	二分半之爲立方面	0
	0		7.5
	9		

再自之 再自之 0	十二之	0	四位倂之	0
自之 0 二十二分半之 0		0		0
一百六十八分七五之 0		0		66
再自之四百二十一分八七五		5062.5		5062.5

寄位 列積十二之 與寄位相消得開方式 −40764 立方開之得古徑

0

66

5062.5

二之平方面 二除三因古周 二除五因立方〔二分半之爲立方面 第二位二十二分半之者 一分隅法之二位三因七分半得也 第三位一百六十八分七五之者 以三位三因七分半之自乘而得也○實位負無人負之〕

〔3-21〕 지금 여섯 도형의 총 부피가 $11704\frac{23}{112}$자이다. 다만 정사각형의 한 변은 고원의 지름보다 1자 길고 정육면체의 한 모서리의 $\frac{1}{2}$이고, 정육면체의 한 모서리는 고원 둘레의 $\frac{2}{3}$이고, 고원의 둘레는 밀원의 지름의 $\frac{2}{5}$이고, 밀원의 지름은 구의 지름의 $\frac{5}{6}$라고 한다. 각각은 얼마인가?

今有六段共積一萬一七空四尺一百一十二分尺之二十三 只云平方過古徑一尺而 爲立方面二分之一 立方爲古周三分之二 古周爲密徑五分之二 密徑爲立圓六分之五 問各幾何

답: 고원의 지름 2자, 직사각형의 한 변 3자
정육면체의 한 모서리 6자, 고원의 둘레 9자
밀원의 지름 22자 반, 구의 지름 27자
각 168단〔부피의 168배는 1966306자 반〕

答曰古徑二尺　平方面三尺　立方面六尺　古周九尺　密徑二十二尺半　立圓徑二十七尺　各一百六十八段〔一百六十八積一百九十六萬六千三百空空六尺半〕

고원의 지름을 천원1로 놓자. 0 제곱하여 3배한다〔4단〕. 42를
1
곱한다. 0　1자를 더하면 정사각형의 한 변 1 이다. 제곱하여 168
0　1
126
배한다. 168　2배하면 정육면체의 한 모서리 2 이다. 세제곱한다.
336　2
168
세제곱하여 8푼　168을 곱한다. 1344
제곱하여 4 다시 6을 곱하여 24　4032
12를 곱하여 24푼　4032
세제곱하여 8푼　1344

1배 반하면 고원의 둘레 3 이다. 제곱〔12단〕한다. 제곱하여 9푼
3　6을 곱하여 18
제곱하여 9푼
14배한다. 126　2배 반하여 밀원의 지름이다. 7.5
252　7.5
126
제곱한다. 제곱하여 56.25
15를 곱하여 112.5
제곱하여 56.25
22배하고〔28단〕 다시 6을 곱한다. 7425
14850
7425
1.2배하여 구의 지름이다. 9
9
세제곱한다. 세제곱하여 729푼

제곱 81에 27을 곱하여 2187
243을 곱하여 2187푼
세제곱하여 729푼
9배하고〔16단〕 다시 10.5를 곱한다. 68890.5
206671.5
206671.5
68890.5
여섯 개를 모두 더한다. 76953.5
226141.5
218548.5
70234.5
옆에 놓아두자. 문제에서 말한 부피를 가분수로 고쳐 분자를 다시 1.5배하면 1966306자 반이다. 옆에 놓아둔 식과 서로 계산하여 얻은 입방을 풀면 고원의 지름을 얻고, 1자를 더하면 정사각형의 한 변이고, 2배하면 정육면체의 한 모서리이고, 2로 나누고 3배하면 고원의 둘레이고, 2로 나누고 5배하면 밀원의 지름이고, 5로 나누고 6배하면 구의 지름이다.

立天元一爲古徑 0 自之三之〔四段〕 四十二之 0 加一尺爲平方面 1
1 0 1
126
自之一百六十八之 168 二分之爲立方面 2 再自之 再自之八分
336 2 自之四又六之二十四
168 十二之二十四分
再自之八分
一百六十八之 1344 一分半之爲古周 3 自之〔十二段〕 自之九分
4032 3 六之十八
4032 自之九分
1344
十四之 126 二分半之爲密徑 7.5 自之 自之五十六分二五
252 7.5 十五之一百一十二分半
126 自之五十六分二五
二十二之〔二十八段〕 又六之 7425 一分二之爲立圓徑 9

14850　　　　　　9
7425

再自之　再自之七百二十九分　　　　　　九之〔十六段〕又十分半之
自之八十一 又二十七之 二千一百八十七
二百四十三之 二千一百八十七分
再自之七百二十九分

68890.5　六位併之　76953.5　寄位 列積通内 又一分半之
206671.5　　　226141.5
206671.5　　　218548.5
68890.5　　　70234.5

得一百九十六萬六三空六尺半 相消得式 立方開之 得古徑 加一卽平方面 二之爲立方面 二除三因爲古周 二除五因爲密徑 五除六因爲立圓徑

〔3-22〕 지금 여섯 도형의 총 부피가 9483자이다. 다만 정사각형, 정육면체, 삼승방, 사승방의 한 모서리는 모두 같고 고원의 둘레의 반이며, 고원의 둘레는 고원의 지름보다 2자 짧다고 한다. 〔둘레는 지름의 $\frac{6}{7}$이다.〕 둘레와 지름 및 한 모서리는 각각 얼마인가? 〔이하는 사승방 번법개방법이다.〕

今有六段共積九千四百八十三尺 只云平立三四乘方面適等而 爲古周之半 周少徑二尺〔周爲徑七分之六〕 問周徑方面各幾何 〔以下四乘方翻法開方法〕

답: 고원의 지름 14자,　고원의 둘레 12자
네 가지의 한 모서리는 각 6자, 각 12단
〔부피의 12배는 113796자〕
(1) (2)가 (3)감 (4)가 (5)감 (6)

答曰古徑十四尺 古周十二尺 四色方面各六尺 各十二段 〔十二積一十一萬三千七百九十六尺〕
(一) (二) 加 (三) 減 (四) 加 (五) 減 (六)

고원의 지름을 천원1로 놓자. 0 제곱하고 3배한다〔4단〕. 다시 3배한

1
다. 0 2자를 빼면 고원의 둘레이다. －2
0 1
9

제곱한다〔12단〕. 제곱하여 4 2로 나누면 정사각형의 한 변이다. 1
2배하여 －4 0.05
제곱하여 1 자치푼

제곱한다. 제곱하여 1자 적100치 12배한다. 12
10을 곱하여 1자 －12
제곱하여 2치 5푼(적25치) 3자

2로 나누면 정육면체의 한 모서리이다.〔위는 1자이고 아래는 5치이다. 위 1자는 고치면 10치이고 아래는 그대로 5치이다. 이것이 정육면체의 한 모서리이다. 따라서 제곱하면 100치이니 1자이고 다시 10치 곱하기 5치와 5치 곱하기 10치를 합하여 100치이니 역시 1자가 되고 다시 5치의 제곱은 25치이나 100치가 1자이므로 25치는 2치 5푼이다. 입방 이상은 모두 이와 같이 한다.〕 1
0.0 0 5
자치푼리

세제곱한다. 세제곱하여 1자, 적은 1000치이다.
제곱하고 다시 1푼 5리를 곱하여 1자 반
7푼 5리에 10을 곱하여 7치 5푼
세제곱하여 1치 2푼 반, 적은 125치

12배한다. －12자 2로 나누면 삼승방의 한 모서리이다. 1
18자 0.0 0 0 5
－9자 자치푼리호
1자 반

네제곱한다. 네제곱하여 1자, 적은 1만치 12배한다. 12자
세제곱하고 2리를 곱하여 2자 －24
제곱하고 1푼 반을 곱하여 1자 반 18자
5푼에 10을 곱하여 5치 －6자
네제곱하여 6푼 소, 적은 635치[135] 7치 반

135) 625치로 고쳐야 한다.

2로 나누어 사승방의 한 모서리 1

0.00005

자치푼리호사

5제곱한다. 5제곱하여 1자, 적은 10만치 12배한다. -12자

네제곱하여 2호 반을 곱하여 2자 30자

세제곱하여 2리 반을 곱하여 2자 반 -30자

제곱하여 1푼 소를 곱하여 1자 소 15자

3푼 1소에 10을 곱하여 3치 1소 -3자 태

5제곱하여 3푼 1소, 적은 3125치 3자 태

여섯 개를 합한다.

1위 12+4-12+12-12=4

2위 -12-4+18-24+30=8

3위 9+3+1-9+18-30=-8

4위 1.5-6+15=10.5

5위 0.75-3.75=-3

6위[136] 0.375

이것을 옆에 놓아두자. 문제에 주어진 부피를 12배하여 옆에 놓아둔 식과 서로 계산하여 개방식을 얻는다. 이 사승방을 풀면(번법) 고원의 지름 14자를 얻는다. 〔순개법에서는 여러 자리의 수들을 서로 합하여 상과 계산하여 답을 구할 뿐이다. 원래 각 단계에서 빼고 없애는 것이 없다. 그러나 번개법에서는 간단한 수를 계산할 때 정부를 자세히 살펴야 하고 그 다음에 왼쪽에 놓은 다음 원의 부피의 수나 혹은 달리 얻은 수에 대한 값에 따라서 왼쪽에 놓아둔 식과 서로 계산하여 개방식을 얻어 상과 곱하여 개방하고 아래에서 위로 점차 올라가서 실적의 자리에서 그친다. 그 중에서 각각의 정부가 있으니 그 커지고 작아지는 것을 자세히 관찰하여야 한다.〕

立天元一爲古徑 0 自之三之〔四段〕 又三之 0 減二尺爲古周 -2

1 0 1

9

136) 1위는 상수항, 2위는 1차항, 3위는 2차항, 4위는 3차항, 5위는 4차항, 6위는 5차항의 계수들의 합이다.

自之〔十二段〕 自之四　　　二而一爲平方面 1
二之四十[137)]　　　0.0 5
自之一　　　尺寸分

自之 自之一尺積一百寸　　　十二之 十二
十分之一尺　　　十二†
自之二寸五分 (積二十五寸)　　　三尺

二而一爲立方面〔上本一尺 下本五寸 上一尺計線一十寸 下五寸亦計線五寸 是爲立方面 故自之則一十寸 得面一百寸而爲一尺 又一十寸乘五寸 五寸乘一十寸 幷得面一百寸 亦爲一尺 又五寸自之則二十五寸 以一百爲一尺 則二十五爲二寸五分矣 立方以上幷倣此〕 1
0.0 0 5
尺寸分厘

再自之 再自之一尺 積一千寸　　　十二之 十二尺†
自之 又一分五厘之一尺半　　　十八尺
七分五厘一退乘之七寸五分　　　九尺†
再自之一寸二分半 積一百二十五寸　　　一尺半

二而一爲三乘方面 1　　　三自之 三自之一尺 積一萬寸
0.0 0 0 5　　　再自之 又二厘之二尺
尺寸分厘毫　　　自之 又一分半之一尺半
五分一退乘之五寸
三自之六分少 積六百三[138)]十五寸

十二之 十二尺　　　二而一爲四乘方面 1
二十四†　　　0.0 0 0 0 5
十八尺　　　尺寸分厘毫絲
六尺†
七寸半

四自之 四自之一尺 積一十萬寸　　　十二之 十二尺†
三自之二毫半之二尺半　　　三十尺
再自之二厘半之二尺半　　　三十尺†
自之一分少之一尺少　　　十五尺

---
137) †는 음의 부호이다.
138) 二로 고쳐야 한다.

三分一少一退乘之三寸一少　　　　　　　　　　三尺太十

四自之三分一少 積三千一百二十五寸　　　　　　三寸太

一位平三積内減去立四積得四尺

二位立四積内減去平三積得八尺

三位立四積内飜減平三積得八尺

四位立四積内減去三乘積得一十0尺半

五位四乘積内翻減三乘積得三尺

六位只有乘積三寸太

寄位 列積十二之與寄位 相消四乘翻法開之 得古徑十四尺〔凡順開法 有諸位可相幷者幷之命商開之而 已元無各段相與消減處 惟翻開法列置各段算位審其正負使正消負 然後乃以寄左 又以或元積數或別得數隨 其自然所値者與寄左相消相長訖始 乃命商開方而 自下而上以次漸陞至於實積之位而止 於其中亦自有各正負 各消長熟觀可知也〕

별해: 통분법에 의해 풀어보자. 2 평방하면 첫 번째 수는 제곱한 것이
1
고, 두 번째 수는 2를 곱한 수이고, 세 번째 수는 제곱한 수이다. 각각을 분모 2를 제곱한 4로 나눈다. 입방일 때는 첫 번째 수는 세제곱한 수이고, 두 번째 수는 제곱하고 다시 3을 곱한 수이고, 세 번째 수는 3을 곱한 수이고, 네 번째 수는 세제곱한 수이다. 각각을 분모 2를 세제곱한 8로 나눈다. 삼승방은 첫 번째는 네제곱한 수이고, 두 번째 수는 세제곱하고 다시 4를 곱한 수이고, 세 번째 수는 제곱하고 6을 곱한 수이고, 네 번째 수는 4를 곱한 수이고, 다섯 번째 수는 네제곱한 수이다. 각각을 분모 2를 네제곱한 16으로 나눈다. 사승방은 첫 번째 수는 5제곱한 수이고, 두 번째 수는 네제곱하고 다시 5를 곱한 수이고, 세 번째 수는 세제곱하고 다시 10을 곱한 수이고, 네 번째 수는 제곱하고 다시 10을 곱한 수이고, 다섯 번째 수는 5를 곱한 수이고, 여섯 번째 수는 5제곱한 수이다. 각각을 분모 2를 5제곱한 32로 나눈다. 뒤에도 모두 이와 같이 한다.

又術依通分法 2 平方則 一位自之 二位二之 三位自之 各以分母二自乘四
1
而一 立方則 一位再乘 二位自之又三之 三位三之 四位再乘 各以分母二再

自乘得八而一 三乘方則一位三乘 二位再乘又四之 三位自之又六之 四位四之 五位三乘 各以分母二三自乘得十六而一 四乘方則 一位四乘 二位三乘又五之 三位再乘又十之 四位自之又十之 五位五之 六位四乘 各以分母二四自乘得三十二而一 後皆倣此

☞ 역자 주: $\frac{(x+2)^n}{2^n}$, $n=2,3,4,5$ 에 대한 설명이다.

별해: 한 모서리를 천원1로 놓자. 0 정사각형은 제곱하고 12배한다. 0
1
0
12

정육면체는 세제곱하고 12를 곱한다. 0 삼승방은 네제곱하고 12를
0
0
12

곱한다. 0 사승방은 5제곱하고 12를 곱한다. 0
0 0
0 0
0 0
12 0
12

한 변을 2배하면 고원의 둘레이다. 제곱한다. 0 고원의 둘레에
0
4

2자를 더하면 고원의 지름이다. 2 제곱하여 3배한다. 12
2 24
12

다시 3을 곱한다. 36 여섯 수를 모두 합한다. 36
72 72
36 52
12
12

12

문제에 주어진 부피를 12배하여 서로 계산하여 개방식을 얻어 이 사승방을 풀면 한 모서리 6자를 얻는다. 2배하면 고원의 둘레이고, 3으로 나누어 7배하면 고원의 지름이다. 이것은 순개법이다. 나머지도 모두 이와 같은 방법으로 한다.

又術立天元一爲方面		平方自之十二之		立方再自之十二之	
	0		0		0
	1		0		0
			12		0
					12

三乘方三自之十二之		四乘方四自之十二之		方面二之爲古周
	0		0	
	0		0	
	0		0	
	0		0	
	12		0	
			12	

自之		古周加二尺爲徑		自之三之		又三之	
	0		2		12		36
	0		2		24		72
	4				12		36

六位併之		與十二積相消 四乘方開之 得方面六尺 二之古周 三而一
	36	
	72	
	52	
	12	
	12	
	12	

又七之古徑 此乃順開法也 餘悉倣此

본 문제에서 다음이 요점이다.

(5푼) 평방 제곱, 10푼 곱한다, 제곱

(5리) 입방 세제곱, 제곱하고 다시 1푼반 곱한다, 7푼 5리 곱한다, 세제곱

(5호) 삼승방 네제곱, 세제곱하고 다시 2리 곱한다, 제곱하고 다시 1푼반 곱한다, 5푼 곱한다, 네제곱

(5사) 사승방 5제곱, 네제곱하고 다시 2호 반 곱한다, 세제곱하고 다시 2리 반 곱한다, 제곱하고 다시 1푼 소 곱한다, 3푼 1소 곱한다, 5제곱

5푼과 5리의 두 가지는 이미 앞에서 보았고 여기서 다시 말하는 것은 삼승방, 사승방에서도 계산하는 방법을 명확히 보이고자 함이다. 〔그 밖의 계산법도 같다.〕

右術

(五分) 平方 自之 十分之 自之

(五厘) 立方 再自之 自之又一分半之 七分五厘之 再自之

(五毫) 三乘方 三自之 再自之又二厘之 自之又一分半之 五分之 三自之

(五絲) 四乘方 四自之 三自之又二毫半之 再自之又二厘半之 自之又一分少之 三分一少之 四自之

五分五厘二條已見上 複見於此者 所以明上方加因之術耳 〔其下加因法亦倣上〕

〔3-23〕 지금 여섯 도형의 총 부피가 564자이다. 다만 정사각형, 정육면체, 삼승방, 사승방의 한 모서리는 모두 같고 고원의 둘레의 $\frac{1}{4}$이고, 고원의 둘레는 고원의 지름보다 4자 짧다고 한다. 〔둘레는 지름의 $\frac{3}{4}$이다.〕 각각은 얼마인가?

今有六段共積五百六十四尺 只云平立三四方面適等而 爲古周四分之一 周少徑四尺〔周爲徑四分之三〕 問各幾何

답: 고원의 둘레 12자, 고원의 지름 16자

네 가지의 한 모서리는 각 3자, 각 12단〔부피의 12배는 6768자〕

(1) (2)감 (3)가 (4) (5)감 (6)

答曰古周十二尺 古徑十六尺 四色方面各三尺 各十二段 〔十二積六千七百六十八尺〕 (一) (二) 減 (三) 加 (四) (五) 減 (六)

고원의 지름을 천원1로 놓자. 0 제곱하고 3을 곱하고〔4단〕 다시 3배
1
한다. 0 4자를 빼면 고원의 둘레이다. −4
0 1
9
제곱한다〔12단〕. 제곱하여 16 4로 나누면 정사각형의 한 변이다.
2를 곱하여 −8자
제곱하여 1자
1 제곱하여 1자
0.025 5푼을 10을 곱하여 5치
자치푼리 제곱하여 6푼 소

12배한다. 12자 4로 나누어 정육면체의 한 모서리이다. 1
−6자 0.0025
7치 반 자치푼리호
세제곱하여 1자 12배한다. −12자
제곱한 7리 반을 10배하여 7치 반 9자
1푼 8태를 10배하여 1치 8태 −2자 소
세제곱하여 1푼 56소 1치 8 태

4로 나누면 삼승방의 한 모서리이다. 1
0.00025
자치푼리호사
네제곱하여 1자 12배한다. 12자
세제곱하고 1리를 곱하여 1자 −12자
제곱한 3푼 태를 10배하여 3치 태 4자 반
6푼 소[139]를 10배하여 6푼 소 −7치 반
네제곱하여 3리 906 소 4푼 68 태

4로 나누면 사승방의 한 모서리이다. 1
0.000025

139) 본문이 틀렸다. 육리 소로 고쳐야 한다.

자치푼리호사홀

5제곱하여 1자 12배한다. -12자

네제곱하고 1호 소를 곱하여 1치 소 15자

세제곱하고 6호 소를 10배하여 6치 소 -7자 반

제곱하고 1리 56 소를 10배하여 1치 56 소 1자 8태

1리 9531 소를 10배하여 1푼 9531 소 -2치 343태

5제곱하여 9호 7656 소 1푼1718태

여섯 개를 모두 합한다.

1위 $16+12-12+12-12=16$

2위 $-8-4+9-12+15=-2$

3위 $9+1+\frac{3}{4}-\frac{9}{4}+\frac{9}{2}-\frac{15}{2}=\frac{11}{2}$

4위 $\frac{3}{16}-\frac{3}{4}+\frac{15}{8}=\frac{21}{16}$

5위 $\frac{3}{64}-\frac{15}{64}=-0.1875$

6위 $\frac{3}{256}=0.01171875$

이것을 옆에 놓자. 문제의 부피를 12배하여 옆에 놓은 식과 서로 계산하여 개방식을 얻어 이 사승방을 풀면(번법) 고원의 지름 16자를 얻는다. 〔고원의 둘레 4자와 1자 $\begin{matrix}-4\\1\end{matrix}$을 4로 나누어 1자와 2치 5푼 $\begin{matrix}1\\0.25\end{matrix}$를 얻는다. 1자를 제곱하면 1자이고 가운데 수는 2치 5푼을 2배하여 5치이고 1자를 곱하여 5치이므로 이것을 5푼 1퇴라고 말하는 것은 5치가 1퇴하여 5푼이라는 것이다. 아랫자리 수는 2치 5푼을 제곱하니 6푼 25가 된다. 바로 치의 소수이기 때문이다. 다른 것도 같다.〕

立天元一爲古徑 $\begin{matrix}0\\1\end{matrix}$ 自之三之〔四段〕又三之 $\begin{matrix}0\\0\\9\end{matrix}$ 減四尺爲古周 $\begin{matrix}-4\\1\end{matrix}$

自之〔十二段〕自之十六 二之八尺十 四而一爲平方面 $\begin{matrix}1\\0.025\end{matrix}$ 自之一尺 五分一退乘之五寸

自之一尺　　　　　　　　　　尺寸分厘　自之六分少

十二之 十二尺　四而一爲立方面 1

六尺 | 　　　　　　　0.0025

七寸半　　　　　　　尺寸分厘毫

再乘一尺　　　　　　　十二之　十二尺 |

自之七厘半一退乘之七寸半　　　　九尺

一分八太一退乘之一寸八太　　　　二尺少 |

再乘一分五六少　　　　　　　　　一寸八太

四而一爲三乘方面 1　　　　　　三乘一尺

0.00025　　再乘一厘之一尺

尺寸分厘毫絲　　自之三分太一退乘之三寸太

六分少140)再退乘之六分少

三乘三厘九0六少

十二之 十二尺　　　四而一爲四乘方面 1

十二尺 |　　　　　　　　　0.000025

四尺半　　　　　　　　　尺寸分厘毫絲忽

七寸半 |

四分六八太

四乘一尺　　　　　　　　　　　十二之 十二尺 |

三乘一毫少之一尺少　　　　　　　　　十五尺

再乘六毫少一退乘之六寸少　　　　　　七尺半 |

自之一厘五六少一退乘之一寸五六少　　一尺八太

一厘九五三一少一退乘之一分九五三一少　　二寸三四三太 |

四乘九毫七六五六少　　　　　　　　　一分一七一八太

六位相消

一位平三積内減去立四積得十六尺

二位平三積内翻減立四積得二尺

三位平三積内減去立四積得五尺半

四位立四積内減去三乘積得一尺三一少

五位四積内飜減三乘積得一寸八太

六位只有四乘積一分一七一八太

---

140) 六厘少로 고쳐야 한다.

寄位 列積十二之與寄位相消 以四乘方翻法開之 得古徑十六尺〔古周四尺一尺 －4 四而一得一尺及二寸五分 1
1 0.25
一尺自之一尺 中位二寸五分二之五寸 乘一尺爲五寸而 此云五分一退者 盡以五寸一退爲五分也 下位二寸五分自之 爲六分二五 蓋寸小數故也 他倣此〕

〔3-24〕 지금 여섯 도형의 총 부피가 10317자 75이다. 다만 정사각형, 정육면체, 삼승방, 사승방의 한 모서리는 같고 고원의 둘레의 $\frac{1}{5}$이고, 고원의 둘레는 고원의 지름보다 5자 짧다고 한다. 〔둘레는 지름의 $\frac{6}{7}$이다.〕 각각은 얼마인가?

今有六段共積一萬空三一七尺七五 只云平立三四方面適等而 爲古周五分之一 周少徑五尺〔周爲徑七分之六〕 問六事各幾何

답: 고원의 지름 35자, 고원의 둘레 30자
네 가지의 한 모서리는 각 6자
각 12단〔부피의 12배는 123813자〕
(1) (2)감 (3)가 (4)가 (5)감 (6)

答曰古徑三十五尺 古周三十尺 四色方面各六尺 各十二段〔十二積一十二萬三千八百一十三尺〕
(一) (二) 減 (三) 加 (四) 加 (五) 減 (六)

고원의 지름을 천원1로 놓자. 0 제곱〔4단〕하고 3을 곱하고 다시 3을
1
곱한다. 0 5자를 빼면 고원의 둘레이다. －5
0 1
9
제곱한다〔12단〕. 제곱하여 25 5로 나누어 정사각형의 한 변이
2를 곱하여 －10자
제곱하여 1자

다〔위는 1자, 아래 2치〕. 1 제곱하여 1자
0.0 2 4푼은 한 자리 물린[141] 4치
자치푼 제곱하여 4푼
12배한다. 12자 5로 나누면 정육면체의 한 모서리이다. 1
−4자 8치 0.0 0 2
4치 8푼 자치푼리
세제곱하여 1자 12배 한다. −12
제곱한다. 6리는 두 자리 물린 6치 7자 2치
1푼 2리는 한 자리 물린 1치 2푼 −1자 44
세제곱하여 8리 9푼 6

5로 나누어 삼승방의 한 모서리이다. 1
0.0 0 0 2
자치푼리호
네제곱하여 1자 12배한다. 12자
세제곱하여 8호는 세 자리 물린 8치 −9자 6
제곱하여 2리 4호는 두 자리 물린 2치 4푼 2자 88
3리 2호는 한 자리 물린 3푼 2리 −3치 84
네제곱하여 1리 6호 1푼 92

5로 나누어 사승방의 한 모서리이다. 1
0.0 0 0 0 2
자치푼리호사
5제곱하여 1자 12배한다. −12자
네제곱하여 1호를 곱하여 1자 12자
세제곱하여 4호는 세 자리 물린 4치 −4자 8
제곱하여 8호는 두 자리 물린 8푼 9치 6
8호는 한 자리 물린 8리 −9푼 6
5제곱하여 3호 2 3리 84

141) 바로 앞 문제의 풀이 끝 부분에서 저자가 주해하였듯이, 4치가 한 자리 물러(1퇴하여) 4푼이 된다는 뜻이다.

여섯 개를 더한다.
1위 감 25자
2위 번 5자 2
3위 감 7자 12
4위 감 6치 72
5위 번 7푼 68
6위 3리 84
이것을 옆에 놓는다. 문제에 주어진 부피를 12배하여 옆에 놓은 식과 서로 계산하여 사승방을 풀면(번법) 고원의 지름 35자를 얻는다.

立天元一爲古徑 0 自之〔四段〕三之 又三之 0 減五尺爲古周 －5
1 0 1
9

自之〔十二段〕自之二十五 五而一爲平方面〔上本一尺 下本二寸〕1
二之一十尺† 0.02
自之一尺 尺寸分

自之一尺 十二之 十二尺 五而一爲立方面 1
四分一退乘之四寸 四尺八寸† 0.002
自之四分 四寸八分 尺寸分厘

再乘一尺 十二之 十二尺†
自之六厘一退乘之六寸 七尺二寸
一分二厘一退乘之一寸二分 一尺四四†
再乘八厘 九分六

五而一爲三乘方面 1 三乘一尺
0.0002 再乘八毫一退乘之八寸
尺寸分厘毫 自之二厘四毫一退乘之二寸四分
三厘二毫再退乘之三分二厘
三乘一厘六毫

十二之 十二尺 五而一爲四乘方面 1
九尺六† 0.00002
二尺八八 尺寸分厘毫絲

三寸八四†
一分九二

四乘一尺	十二之	十二尺†
三乘一毫之一尺		十二尺
再乘四毫一退乘之四寸		四尺八†
自之八毫一退乘之八分		九寸六
八毫三退乘之八厘		九分六†
四乘三毫二		三厘八四

一位減二十五尺
二位翻五尺二
三位減七尺一二
四位減六寸七二
五位翻七分六八
六位三厘八四
寄位 列積十二之 與寄位相消 四乘方翻法開之 得古徑三十五尺

〔3-25〕 지금 여섯 도형의 총 부피가 300자이다. 다만 정사각형, 정육면체, 삼승방, 사승방의 한 모서리는 모두 같고 고원의 지름의 $\frac{1}{8}$이며, 고원의 지름은 고원의 둘레보다 8자 짧다고 한다. 〔고원의 지름은 둘레의 $\frac{4}{6}$이다.〕 6개 각각은 얼마인가?
今有六段共積三百尺 只云平立三四方面適等而 爲古徑八分之一 徑少周八尺〔徑爲周六分之四〕 問六事各幾何

답: 고원의 둘레 24자, 고원의 지름 16자
네 가지의 한 모서리는 각 2자, 각 12단〔부피의 12배는 3600자〕
(1) (2)감 (3)가 (4)감 (5)감 (6)
答曰古周二十四尺 古徑十六尺 四色方面各二尺 各十二段〔十二積三千六百尺〕

(一) (二)減 (三) 加 (四) 減 (五) 減 (六)

고원의 둘레를 천원1로 놓자. 0 제곱한다[12단]. 0 8자를 빼면
1 0
1
고원의 지름이다. −8 제곱하여 64 3을 곱하고[4단] 다시
1 2를 곱하여 16
제곱하여 1자
3을 곱한다. 576 8로 나누어 정사각형의 한 변이다. [위는 1자,
−144
9자
아래는 1치 2푼 반] 1 제곱하여 1자
0.0125 2푼 반 한 자리 물린 2치 반
자치푼리호 제곱 1푼 56 소
12배한다. 12자 8로 나누어 정육면체의 한 모서리이다.
−3자
1치 8 태
1 세제곱하여 1자
0.00125 제곱하여 3리 태 두 자리 물린 3치 태
자치푼리호사 4푼 68 태[142] 한 자리 물린 4푼 68 태
세제곱하여 1리 9531 소
12배한다. −12자 8로 나누어 삼승방의 한 모서리이다.
4자 반
−5치 6 소
2푼 343 태
1 네제곱하여 1자
0.000125 세제곱하여 5호는 세 자리 물린 5치
자치푼리호사홀 제곱하여 9호 3 태는 두 자리 물린 9푼 3 태
7호 81 소는 한 자리 물린 7리 81 소
네제곱하여 2호 441406 소
12배한다. 12자 8로 나누어 사승방의 한 모서리이다.

142) 본문이 틀렸다. 4리 68 태로 고쳐야 한다.

－6자
1자 1 소
－9푼 3 태
2리 92968 태

1 5제곱하여 1자
0.0000125 네제곱하여 6사 25는 네 자리 물린 6치 소
자치푼리호사홀 세제곱하여 1호 56소는 세 자리 물린 1치 56 소
제곱하여 1호 9531소는 두 자리 물린 1푼 9531소
1호 2207031소는 한 자리 물린 1리 2207031 소
5제곱하여 3사 05175781 소

12배한다. －12자
7자 반
－1자 8 태
2치 343 태
－1푼 464843 태
3호 6621093 태

여섯 개를 서로 계산한다. 1위 감 576자
2위 번 141자
3위 감 8자 875
4위 감 1치 6406 소
5위 번 1푼 1718 태
6위 3호 6621093 태

이것을 옆에 놓아두자. 문제에 주어진 부피를 12배하여 옆에 놓아둔 식과 계산하여 사승방을 풀면(번법) 고원의 둘레 24자를 얻는다.

立天元一爲古周 0 自之〔十二段〕 0 減八尺爲古徑 －8 自之六十四
1 0 1 二之一十六
1 自之一尺

三之〔四段〕 又三之 五百七十六
一百四十四†
九尺

八而一爲平方面〔上本一尺 下本一寸二分半〕 1
0.0125

尺寸分厘毫

自之一尺　　　　　　十二之 十二尺
二分半一退乘之二寸半　　　三尺十
自之一分五六少　　　　　一寸八太

八而一爲立方面 1　　　　再乘一尺
0.00125　自之三厘太 一退乘之三寸太
尺寸分厘毫絲　四分六八太[143] 再退乘之四分六八太
再乘一厘九五三一少

十二之 十二尺十　　　八而一爲三乘方面 1
四尺半　　　　　　0.000125
五寸六少十　　　　　尺寸分厘毫絲忽
二分三四三太

三乘一尺　　　　　　　　十二之
再乘五毫 一退乘之五寸　　　十二尺
自之九毫三太 再退乘之九分三太　　六尺十
七毫八一少 三退乘之七厘八一少　　一尺一少
三乘二毫四四一四0六少　　　九分三太十
二厘九二九六八太

八而一爲四乘方面　1
0.0000125
尺寸分厘毫絲忽

四乘一尺
三乘六絲二五 一退乘之六寸少
再乘一毫五六少 一退乘之一寸五六少
自之一毫九五三 一少再退乘之一分九五三一少
一毫二二0七0三 一少三退乘之一厘二二0七0三一少
四自乘三絲0五一七五七八一少

十二之
十二尺十

143) 四厘六八太로 고쳐야 한다.

七尺半
一尺八太†
二寸三四三太
一分四六四八四三太†
三毫六六二一0九三太
相減得　一位減五百七十六尺
　　　　二位翻一百四十一尺
　　　　三位減八尺八七五
　　　　四位減一寸六四0六少
　　　　五位翻一分一七一八太
　　　　六位三毫六六二一0九三太
寄位 列積十二之與寄位相消 四乘方翻法開之 得古周二十四尺

〔3-26〕 지금 여섯 도형의 총 부피가 435자이다. 다만 네 개의 한 모서리는 모두 같고 고원의 지름의 $\frac{1}{10}$이며, 지름은 둘레보다 10자 짧다고 한다. 〔지름은 둘레의 $\frac{2}{3}$이다.〕 각각은 얼마인가?

今有六段共積四百三十五尺 只云四色方面適等而 爲古徑十分之一 徑少周十尺〔徑爲周三分之二〕 問各幾何

답: 고원의 둘레 30자, 고원의 지름 20자
네 가지의 한 모서리는 각 2자, 각 12단〔부피의 12배는 5220자〕
(1) (2)감 (3)가 (4)감 (5)감 (6)
答曰古周三十尺 古徑二十尺 四色方面各二尺 各十二段〔十二積五千二百二十尺〕
(一)　(二) 減 (三) 加 (四) 減 (五) 減 (六)

고원의 둘레를 천원1로 놓자. 0 제곱한다〔12단〕. 0 10자를 빼면
1　0
1

―10 고원의 지름이다. 제곱한다. 제곱하여 100　3배〔4단〕하고
　1　　　　　　　　　　　2배하여 20
　　　　　　　　　　　　　제곱하여 1자
다시 3을 곱한다. 900자　10으로 나누면 정사각형의 한 변이다.
　　　　　　　―180
　　　　　　　　9자
〔위는 1자이고 아래는 1치이다.〕 1　　제곱하여 1자
　　　　　　　　　　　　　0.01　1푼은 한 자리 물린 2치
　　　　　　　　　　　　　자치푼　제곱하여 1푼
12배한다. 12자　　10으로 나누어 정육면체의 한 모서리이다.
　　　　―2자 4치
　　　　　1치 2푼
1　　　세제곱한다. 세제곱하여 1자
0.001　　　　　제곱하여 3리는 두 자리 물린 3치
자치푼리　　　　3리는 한 자리 물린 3푼
　　　　　　　　세제곱하여 1리
12배한다. ―12자　　10으로 나누어 삼승방의 한 모서리이다.
　　　　　　3자 6
　　　　　―3자 6
　　　　　　1푼 2
1　　　　네제곱하여 1자
0.0001　　세제곱하여 4호는 세 자리 물린 4치
자치푼리호　제곱하여 6호는 두 자리 물린 6푼
　　　　　4호는 한 자리 물린 4리
　　　　　네제곱하여 1호
12배한다. 12자　　10으로 나누어 사승방의 한 모서리이다.
　　　　―4자 8
　　　　　7치 2
　　　　―4푼 8
　　　　　1리 2
1　　　　5제곱하여 1자
0.00001　네제곱하여 5사는 네 자리 물린 5치

자치푼리호사　세제곱하여 1호는 세 자리 물린 1치
제곱하여 1호는 두 자리 물린 1푼
5사는 한 자리 물린 5호
5제곱하여 1사

12배한다. −12자
6자
−1자 2
1자 2
−6리
1호 2

1위 900자
2위 번 177자 6
3위 9자 28
4위 8푼 4
5위 번 4리 8
6위 1호 2

이것을 옆에 놓아두자. 문제에 주어진 무피를 12배하여 옆에 놓은 식과 서로 계산하여 사승방을 풀면(번법) 고원의 둘레 30자를 얻는다.

立天元一爲古周 0 自之〔十二段〕 0 減十尺爲古徑 −10 自之 自之一百
1　0　1　二之二十
1　自之一尺

三之〔四段〕又三之 九百尺　十而一爲平方面〔上本一尺 下本一寸〕
一百八十寸
九尺

1　自之一尺　十二之 十二尺
0.01　二分一退乘之二寸　二尺四寸†
尺寸分　自之一分　一寸二分

十而一爲立方面 1　再乘一尺　十二之 十二尺†
0.001　自之三厘一退乘之三寸　三尺六
尺寸分厘　三厘再退乘之三分　三寸六†
再乘一厘　一分二

十而一爲三乘方面 1　三乘一尺

0.0001　　再乘四毫一退乘之四寸
尺寸分厘毫　　自之六毫再退乘之六分
四毫三退乘之四厘
三乘一毫

十二之 十二尺　十而一爲四乘方面 1　　四乘一尺
四尺八†　　0.00001　三乘五絲一退乘之五寸
七寸二　　尺寸分厘毫絲　再乘一毫一退乘之一寸
四分八†　　自之一毫再退乘之一分
一厘二　　五絲四退乘之五毫
四乘一絲

十二之 十二尺†
六尺
一尺二†
一寸二
六厘†
一毫二
一位九百尺
二位飜一百七七尺六
三位九尺二八
四位八分四
五位翻四厘八
六位一毫二
寄位 列積十二之相消 四乘方翻法開之 得古周三十尺

이 문제를 살펴보면 고원의 둘레를 천원1로 놓았다. 0 여기에서 10자
1
를 빼면 고원의 지름이다. −10 10이 고원의 둘레에서 부가 되는 것
1
은 부가 상대가 없으면 부이기 때문이다. 만약 고원의 둘레에 10자를 더하면 10 이다. 정은 0에 더하면 정이기 때문이다. 번과 순의 두 가지
1
개방법은 모두 부호가 같으면 더하고 부호가 다르면 뺀다는 원리에 따르

기 때문이다. 나머지도 이와 같다.

按此術 天元一爲古周 $\begin{matrix}0\\1\end{matrix}$ 內減十尺 爲古徑 $\begin{matrix}-10\\1\end{matrix}$ 十爲負於古周 負無人負之也 若於古周加十尺 則當爲 $\begin{matrix}10\\1\end{matrix}$ 正無人正之也 凡翻順二開方皆用同加異減故也 餘倣此

〔3-27〕 지금 여섯 도형의 총 부피가 272433자 75이다. 다만 네 가지의 한 모서리는 같고 고원의 둘레의 $\frac{2}{5}$이며, 둘레는 지름보다 5자가 짧다고 한다. 〔둘레는 지름의 $\frac{6}{7}$이다.〕 각각은 얼마인가?

今有六段共積二十七萬二四三三尺七五 只云四色方面適等而 爲古周五分之二 周少徑五尺〔周爲徑七分之六〕 問各幾何

답: 고원의 지름 35자, 고원의 둘레 30자
네 가지의 한 모서리는 각 12자,
각 12단 〔부피의 12배는 3269205자〕
(1) (2)가 (3)감 (4)가 (5)감 (6)

答曰古徑三十五尺 古周三十尺 四色方面各十二尺 各十二段〔十二積三百二十六萬九千二百空五尺〕
(一) (二) 加 (三) 減 (四) 加 (五) 減 (六)

고원의 지름을 천원1로 놓자. $\begin{matrix}0\\1\end{matrix}$ 제곱하고 3을 곱한다〔4단〕. 다시 3을 곱한다. $\begin{matrix}0\\0\\9\end{matrix}$ 5자를 빼면 고원의 둘레이다. 〔제곱하면 12단이다.〕 $\begin{matrix}-5\\1\end{matrix}$

제곱하여 25 5로 나누고 다시 2배하면 정사각형의 한 변
2를 곱하여 −10자
제곱하여 1자

〔위 2자, 아래 4치〕 2　　　제곱하여 4자

0.04　8푼은 한 자리 물린 1자 6치[144]

자치푼　제곱하여 1치 6푼

12배한다. 48자　　　5로 나누고 2를 곱하여 정육면체의

−19자 2치

1자 9치 2푼

한 모서리이다. 2　　　세제곱하여 8자

0.004　제곱하고 1푼 2리를 곱하여 4자 8치

자치푼리　4푼 8리는 한 자리 물린 9치 6푼

세제곱하여 6푼 4

12배한다. −96자　　5로 나누어 다시 2배하여 삼승방의 한 모서리

57자 6

−11자 52

7치 68

이다. 2　　　네제곱하여 16자

0.0004　세제곱하여 1리 6을 곱하여 12자 8

자치푼리호　제곱하여 9리 6은 두 자리 물린 3자 84

2푼 56은 한 자리 물린 5치 12

네제곱하여 2푼 56

12배한다. 192자　　5로 나누고 다시 2를 곱하면 사승방의 한 모서

−153자 6

46자 08

−6자 144

3치 072

리이다. 2　　　5제곱하여 32자

0.00004　네제곱하여 2리를 곱하여 32자

자치푼리호사　세제곱하여 1리 6을 곱하여 12자 8

제곱하여 6리 4는 한 자리 물린 2자 56

1푼 28은 한 자리 물린 2치 56

5제곱하여 1푼 024

12배한다. −384자

144) 8푼은 20배하여 1자 6치라는 뜻이다.

384자
－153자 6
30자 72
－3자 072
1치 2288

1위 반 215자
2위 258자 8
3위 반 107자 12
4위 25자 344
5위 반 2자 7648
6위 1치 2288

문제에 주어진 부피를 12배하여 서로 계산하여 사승방을 풀면(번법) 고원의 지름 35자를 얻는다.

立天元一爲古徑 0 自之三之〔四段〕 又三之 0 減五尺爲古周〔自之十二段〕
1 0
9

－5 自之二十五 五而一又二之 爲平方面〔上本二尺 下本四寸〕2
1 二之一十尺† 0.04
自之一尺 尺寸分

自之四尺 十二之 四十八尺 五而一又二之 爲立方面
八分一退乘之一尺六寸 一十九尺二寸†
自之一寸六分 一尺九寸二分

2 再乘八尺 十二之 九十六尺†
0.004 自之一分二厘之四尺八寸 五十七尺六
尺寸分厘 四分八厘 一退乘之九寸六分 一十一尺五二†
再乘六分四 七寸六八

五而一又二之 爲三乘方面 2 三乘十六尺
0.0004 再乘一厘六之一十二尺八
尺寸分厘毫 自之九厘六 一退乘之三尺八四
二分五六 一退乘之五寸一二
三乘二分五六

十二之 一百九十二尺 五而一又二之 爲四乘方面 2

一百五十三尺六†
四十六尺0八
六尺一四四†
三寸0七二

0.00004
尺寸分厘毫絲

四乘三十二尺
三乘二厘之三十二尺
再乘一厘六之一十二尺八
自之六厘四 一退乘之二尺五六
一分二八 一退乘之二寸五六
四乘一分0二四

十二之
三百八十四尺†
三百八十四尺
一百五十三尺六†
三十0尺七二
三尺0七二†
一寸二二八八

一位反二百一十五尺
二位二百五十八尺八
三位反一百0七尺一二
四位二十五尺三四四
五位反二尺七六四八
六位一寸二二八八
與十二積相消 四乘翻法開之 得古徑三十五尺

별해: 분수를 써서 네 가지의 한 변을 나타내어 모두 5자를 법에 따라 곱하고 각각 분모의 제곱으로 나누고 분자의 제곱을 곱한다. 가령 정사각형의 경우는, 첫 번째 수는 제곱하고 두 번째 수는 2배하고 세 번째 수는 제곱하여 얻은 수를 모두 분모 5의 제곱 25로 나누고 분자 2의 제곱 4를 곱한다. 정육면체의 경우는, 첫 번째 수는 세제곱하고 두 번째 수는 제곱하고 3을 곱하고 세 번째 수는 3배하고 네 번째 수는 세제곱하여 각각 분모 5의 세제곱 125로 나누고 분자 2의 세제곱 8을 곱한다. 삼승방의 경우는, 첫 번째 수는 네제곱하고 두 번째 수는 세제곱하고 4를 곱하고 세 번째 수는 제곱하고 6을 곱하고 네 번째 수는 4를 곱하고 다섯 번째 수는 네제곱하여 얻은 수 각각을 분모 5의 네제곱 625로 나누고 분자 2의 네제곱 16을 곱한다. 사승방의 경우에는, 첫 번째 수는 5제곱하고 두 번째 수는 네제곱하고 5를 곱하고 세 번째 수는 세제곱하고 10을 곱하고 네 번째 수는 제곱하고 10을 곱하고 다섯

번째 수는 5를 곱하고 여섯 번 째 수는 5제곱하여 분모 5의 5제곱 3125로 나누고 분자 2의 5제곱 32를 곱한다. 이와 같이 하여 나머지 계산을 한다.

又術依通分法 四色方皆以五尺如法乘之 各以分母羃除之 各以分子羃乘之 如平方一位自之 二位二之 三位自之 得數各以分母五自乘二十五而一 又各以分子二自乘四乘之 如立方一位再乘 二位自之三之 三位三之 四位再乘 得數各以分母五再乘一百二十五而一 又各以分子二再乘八乘之 如三乘方一位三乘 二位再乘四之 三位自之六之 四位四之 五位三乘 得數各以分母五三乘六百二十五而一 又各以分子二三乘十六乘之 如四乘方一位四乘 二位三乘五之 三位再乘十之 四位自乘十之 五位五之 六位四乘 各以分母五四乘三千一百二十五而一 又各以分子二四乘三十二乘之也 餘可引伸

〔3-28〕 지금 여섯 도형의 총 부피가 6387자이다. 다만 고원의 둘레, 정사각형, 정육면체, 삼승방, 사승방의 한 모서리가 등비수열이고, 정사각형의 한 변은 고원의 둘레의 $\frac{1}{2}$이고, 고원의 둘레는 지름보다 8자 짧다고 한다. 〔둘레는 지름의 $\frac{6}{7}$이다.〕 각각은 얼마인가?

今有六段共積六千三百八十七尺 只云古周平方立方三乘方四乘方較[145]等而平方爲古周二分之一 古周少古徑八尺〔周爲徑七分之六〕 問各幾何

답: 고원의 지름 56자, 고원의 둘레 48자
정사각형의 한 변 24자, 정육면체의 한 모서리 12자
삼승방의 한 모서리 6자, 사승방의 한 모서리 3자
각 12단 〔부피의 12배는 76644자〕
(1) (2)감 (3)가 (4)가 (5)가 (6)

答曰古徑五十六尺 古周四十八尺 平方二十四尺 立方一十二尺
三乘方面六尺 四乘方面三尺 各十二段〔十二積七萬六千六百四十四尺〕
(一) (二) 減 (三) 加 (四) 加 (五) 加 (六)

145) 여기서의 교(較)는 차(差)가 아니라 비(比)의 뜻으로 사용되고 있다.

고원의 지름을 천원1로 놓자. 0 제곱하고 3을 곱한다〔4단〕. 다시 3을
1
곱한다. 0 8자를 빼면 고원의 둘레이다. −8
0 1
9
제곱한다.〔12단〕 제곱하여 64 2로 나누면 정사각형의 한 변이다.
2배하여 −16
제곱하여 1자
〔위는 4자, 아래는 5치〕 4 제곱하여 16자
0.05 10푼을 곱하여 4자
자치푼 제곱하여 2치 반
12배한다. 192 4로 나누어 정육면체의 한 모서리다.
−48자
3자
〔위는 2자, 아래는 2치 5푼〕 2
0.0025
자치푼리호
세제곱하여 8자이다. 12배한다. −96자
제곱하여 7리 반은 두 자리 물린 3자 36자
1푼 8 태는 한 자리 물린 3치 태 −4자 반
세제곱하여 1푼 56 소 1치 8 태
8로 나누면 삼승방의 한 모서리이다. 〔위 1자, 아래 1치 2푼 반〕
1
0.000125
자치푼리호사홀

네제곱하여 1자 12배한다. 12자
세제곱하여 5호는 세 자리 물린 5치 −6자
제곱하여 9호 3 태는 두 자리 물린 9푼 3 태 1자 1 소
7호 81 소는 한 자리 물린 7리 81 소 −9푼 3 태
네제곱하여 2호 441406 소 2리 92968태

16으로 나누면 사승방의 한모서리이다. 0.00005
0.000000000625
자치푼리호사홀

5제곱하여 3푼 125
네제곱하여 6리 소에 0홀 0031 소를 곱하여 1푼 9531 소
세제곱하여 1리 소에 0홀 03906 소를 곱하여 4리 88281 소
제곱하여 2호 반에 0홀 2441406 소를 곱하여 6호 1025156 소
0홀 7629394531 소는 한 자리 물린 3사 814697265625
5제곱하여 0홀 953674316406 소
12배한다. −3치 태
2치 343 태
−5푼 8593 태
7리 324218 태
−4호 577637718 태
1사 14440917968 태
여섯 개를 모두 계산한다. 1위 171자 6 소
2위 반 33자 7656 소
3위 9자 566406 소
4위 1치 01074218 태
5위 2리 4719238281 소
6위 1사 14440917968 태
문제에 주어진 부피를 12배하여 서로 계산하여 사승방을 풀면(번법) 고원의 지름 56자를 얻는다.

立天元一爲古徑 0 自之三之〔四段〕 又三之 0 減八尺爲古周 −8
1 0 1
9

自之〔十二段〕 自之六十四 二而一爲平方面 〔上本四尺 下本五寸〕 4
二之十六† 0.05
自之一尺 尺寸分

自之十六尺 十二之 一百九十二 四而一爲立方面〔上本二尺 下本二寸五分〕
十分之四尺 四十八尺†

自之二寸半　　　　三尺
2　　　　　　再乘八尺　　　　　　　　　十二之
0.0025　　自之七厘半　一退乘之三尺　　九十六尺†
尺寸分厘毫　　一分八太　一退因之三寸太　　三十六尺
　　　　　　再乘一分五六少　　　　　　四尺半†
　　　　　　　　　　　　　　　　　　　一寸八太

八而一爲三乘方面〔上本一尺　下本一寸二分半〕1
0.000125
尺寸分厘毫絲忽

三乘一尺　　　　　　　　　　　　　十二之　十二尺
再乘五毫　一退乘之五寸　　　　　　　　　六尺†
自之九毫三太　再退乘之九分三太　　　　　一尺一少
七毫八一少　三退乘之七厘八一少　　　　　九分三太†
三乘二毫四四一四0六少　　　　　　　　　二厘九二九六八太

十六而一爲四乘方面　0.00005
0.000000000625
尺寸分厘毫絲忽

四乘三分一二五
三乘六厘少　以0忽00三一少乘之　一分九五三一少
再乘一厘少　以0忽0三九0六少乘之　四厘八八二八一少
自之二毫半　以0忽二四四一四0六少乘之　六毫一0二五一五六少
以0忽七六二九三九四五三一少　一退乘之三絲八一四六九七二六五六二五
四乘0忽九五三六七四三一六四0六少
十二之　三寸太†
　　　二寸三四三太
　　　五分八五九三太†
　　　七厘三二四二一八太
　　　四毫五七七六三七七一八太†
　　　一絲一四四四0九一七九六八太
相消得　一位一百七十一尺六少
　　　　二位反三十三尺七六五六少
　　　　三位九尺五六六四0六少

四位一寸0一0七四二一八太

五位二厘四七一九二三八二八一少

六位一絲一四四四0九一七九六八太

與十二積相消 四乘方飜法開之 得古徑五十六尺

앞의 사승방의 한 모서리에서 위는 본래 5치이고 아래는 6푼 2리 5호이다. 〔16으로 고원의 둘레를 나누고 8자를 나누면 위의 수이고 1자를 나누면 아래의 수이다.〕 1보다 작은 수는 서로 곱하면 스스로 한 자리 물리기 때문에 5치를 제곱하면 2치 5푼이 되고 세제곱하면 1치 2푼 5리이고 네제곱하면 6푼 2리 5호이고 5제곱하면[146] 3푼 1리 2호 5사이므로 앞의 그림에서 산대 다섯 개는 사(絲)의 자리로 물려 놓았다. 곱하면 3푼 125가 되기 때문이다. 그 아래의 수도 역시 이와 같다. 다시 소수가 대수에 속하여 있는 것은 서로 곱했을 때 스스로 자리가 물리는 법은 자연의 이치로 생각한다. 대수에 속하지 않을 때와 다르다.

右四乘方面 上位本得五寸 下位本得六分二厘五毫 〔以十六約古周之八尺得上位 以十六約古周之一尺得下位〕 凡小數相乘皆自退一位 故五寸自之二寸五分 再自之一寸二分五厘 三自之六分二厘五毫 四自之三分一厘二毫五絲 故右圖五算退布于絲位 因以乘進爲三分一二五也 其下位亦倣此○又按小數之屬乎大數之下者 乃用相乘自退之法 此乃自然之理 若不屬大數者不然也

〔3-29〕 지금 여섯 도형의 총 부피가 24327388자 반이다. 다만 사승방의 한 모서리는 고원의 둘레에 대하여 또 삼승방의 한 모서리는 사승방의 한 모서리에 대하여 모두 $\frac{2}{5}$이고, 정육면체의 한 모서리는 삼승방의 한 모서리의 $\frac{3}{4}$이고, 정사각형의 한 변은 정육면체의 한 모서리의 $\frac{2}{3}$이고, 고원의 둘레는 고원의 지름보다 10자 짧다고 한다. 〔둘레는 지름의 $\frac{75}{85}$이다.〕 각각은 얼마인가?

今有六段共積二千四百三十二萬七三八八尺半 只云四乘方之於古周 三乘方

146) 이수신편 제21권에서와 마찬가지로, 소수는 1보다 작은 수, 대수는 1보다 큰 수를 말한다.

之於四乘方 皆爲五分之二 立方之於三乘方爲四分之三 平方之於立方爲三分之二 古周少古徑一十尺〔周爲徑八十五分之七十五〕問各幾何

답: 고원의 지름 85자, 고원의 둘레 75자
사승방 30자, 삼승방 12자, 정육면체 9자, 정사각형 6자
각 12단〔부피의 12배는 291928662자〕
(1) (2)가 (3)감 (4)가 (5)감 (6)

答曰古徑八十五尺 古周七十五尺 四乘方三十尺 三乘方十二尺 立方九尺
平方六尺 各十二段〔十二積二億九千一百九十二萬八千六百六十二尺〕
(一) (二) 加 (三) 減 (四) 加 (五) 減 (六)

고원의 지름을 천원1로 놓자. 0 제곱하고 3을 곱하고〔4단〕 다시 3배
1

한다. 0 10자를 빼면 고원의 둘레이다. −10
0 1
9

제곱〔12단〕한다. 제곱하여 100 5로 나누고 다시 2배하면 사승방의
2를 곱하여 −20
제곱하여 1자

한 모서리이다.〔위는 4자, 아래는 4치〕 4
0.00004
자치푼리호사

5제곱하여 1024자 12배한다. −12288
네제곱하여 2호를 곱하여 512자 6144자
세제곱하여 1리 6을 곱하여 102자 4 −1228자 8
제곱하여 6리 4는 두 자리 물린 10자 24 122자 88
1푼 28은 한 자리 물린 5치 12 −6자 144
5제곱하여 1푼 024 1치 2288

25로 나누고 4배하여 삼승방의 한 모서리이다.〔위 1자 6치, 아래 1치 6푼〕1.6 네제곱하여 6자 5536
0.00016 세제곱하여 6호 4는 한 자리 물린 2치 62144
자치푼리호사 제곱하여 1푼 536은 한 자리 물린 3치 93216

1리 6384는 두 자리 물린 2푼 62144
네제곱하여 6호 5536
12배 한다. 78자 6432　　100으로 나누고 다시 12를 곱하면
−31자 45728
4자 718592
−3치 145728
7리 86432
정육면체의 한 모서리이다. 〔위는 1자 2치, 아래는 1치 2푼〕
1.2　　　　세제곱하여 1자 728
0.0012　　제곱하여 3리 6은 한 자리 물린 5치 184
자치푼리호　　4리 32는 두 자리 물린 5푼 184
세제곱하여 1리 728
12배한다. −20자 736　다시 정육면체의 한 모서리를 3으로 나누고
6자 2208
−6치 2208
2푼 0736
다시 2배하면 정사각형의 한 변이다. 〔위는 8치, 아래는 8푼, 1보다 작은 수는 서로 곱하면 스스로 한 자리 물린다. 그 산대 그림은 본문과 같다.〕 0.08
0.0008
자치푼리호
제곱하여 6치 4　　　　12배한다. 7자 68
1리 6을 곱하여 1치 28　　　−1자 536
제곱하여 6리 4　　　　　7푼 68
여섯 개를 모두 계산한다.
1위 반 12122자 4128
2위 6097자 22752
3위 반 1214자 626688
4위 122자 5861632
5위 반 6자 13613568
6위 1치 2288
문제에 주어진 부피를 12배하여 서로 계산한 다음, 사승방을 풀면(번

법) 고원의 지름 85자를 얻는다.

立天元一爲古徑 0 自之三之〔四段〕又三之 0 減十尺爲古周 −10

1 0 1

9

自之〔十二段〕自之一百 五而一又二之 爲四乘方面〔上本四尺 下本四寸〕

二之二十寸

自之一尺

4 四乘一千0二十四尺

0.00004 三乘二毫之五百一十二尺

尺寸分厘毫絲 再乘一厘六之一百0二尺四

自之六厘四一退因之一十0尺二四

一分二八一退因之五寸一二

四乘一分0二四

十二之 一萬二二八八寸

六千一四四尺

一千二二八八寸

一百二二八八

六尺一四四寸

一寸二二八八

二十五而一又四之 爲三乘方面〔上一尺六寸 下一寸六分〕1.6

0.00016

尺寸分厘毫絲

三乘六尺五五三六 十二之 七十八尺六四三二

再乘六毫四一退因之二尺六二一四四 三十一尺四五七二八寸

自之一分五三六一退因之三寸九三二一六 四尺七一八五九二

一厘六三八四再退因之二分六二一四四 三寸一四五七二八寸

三乘六毫五五三六 七厘八六四三二

一百而一又十二之 爲立方面〔上本一尺二寸 下本一寸二分〕1.2

0.0012

尺寸分厘毫

再乘一尺七二八 十二之 二十0尺七三六寸

自之三厘六一退因之五寸一八四 六尺二二0八

四厘三二再退因之五分一八四　　六寸二二0八十

再乘一厘七二八　　二分0七三六

又列立方三而一又二之 爲平方面〔上位本八寸 下位本八分 小數相乘皆自退一位 故其算圖如本文〕0.0 8

0.0 0 0 8

尺寸分厘毫

自之六寸四　　十二之

一厘六之一寸二八　　七尺六八

自之六厘四　　一尺五三六十

七分六八

六位相消

一位反一萬二一二二尺四一二八

二位六千0九七尺二二七五二

三位反一千二一四尺六二六六八八

四位一百二二尺五八六一六三二

五位反六尺一三六一三五六八

六位一寸二八八

與十二積相消 四乘方飜法開之 得古徑八十五尺

☞ 역자 주: 본 문제의 풀이는 고원의 지름을 x로 하여 다음의 오차방정식을 세움으로써 고원의 지름을 구하는 것으로, 산대로 계산하기 때문에 매우 어렵게 설명되고 있다.

$$0.12288x^5 - 6.13613568x^4 + 122.5861632x^3 - 1214.626688x^2 + 6097.22752x - 12122.4128 = 291928662$$

앞에서 정육면체의 한 모서리를 나타내는 산대 그림을 구할 때 분모 100과 분자 12는 삼승방의 한 모서리를 나타낼 때 분모 25를 4배하여 100을 얻었고 분자 4를 3배하여 12를 얻은 것이다. 정사각형의 경우도 역시 이와 같은 곱셈의 법칙을 써서 100을 3배하여 300을 얻어 분모가 되고 12를 2배하여 24가 분자가 되었으며 앞에서 바로 3으로 나누고 다시 2배하여 정사각형의 한 변이라는 것은 정육면체의 한 모서리가 1자 2치이고 우가 1리 2호를 3으로 나누어 각각 4를 얻고 나누어 떨어지니 분모와 분자의 번거로움이 없으므로 300으로 고원의 둘레를 나누지 않고 바로 3푼으로 정육면체의 한 모서리를 나누었다. 다시 약분법을 써서 4로 정육면체의 분모와 분자를 약분하면 분모는 25이고 분자는 3이다. 다시 12로 정사각형의 변을 약분하면 분모 300, 분자 24, 즉 분모 25에 분자는 2이다. 기타 다른 것도 이와 같이 생각한다.
右立方分母一百分子十二者 四因三乘分母二十五得一百 三因三乘分子四得十二也 平方亦用因法 則三因一百得三百爲分母 二因十二得二十四爲分子而右術直以三而一又二之 爲平方者 蓋立方一尺二寸 及隅一厘二毫以三分除之各得四而 適盡可免分母子之繁 故不以三百除古周而 直以三分除立方也 又用約分法四約立方母子 則母二十五子三也 又用十二約平方母三百子二十四則母二十五子二也 他可引而伸之

별해: 정사각형의 한 변을 천원1로 놓자. 0 제곱하고 12를 곱한다. 0
1
0
12

1배 반하면 정육면체의 한 모서리이다. 0 세제곱하고 12배한다. 0
1.5
0
0
40.5

2배하면 삼승방의 한 모서리이다. 0 네제곱하고 12배한다. 0
2
0
0
0
192

5배하면 사승방의 한 모서리이다. 5제곱하고 12배한다. 0
0
0
0
0
37500

12배 반하면 고원의 둘레이다. 0 제곱한다.〔12단〕 0

12.5 0

156.25

10자를 더하면 고원의 지름이다. 10 제곱하여 100자

12.5 25푼을 곱하여 250

제곱하여 156자 25

2배하고〔4단〕 다시 3을 곱한다. 900

2250

1406.25

여섯 개를 모두 계산하고 문제에 주어진 부피를 12배하여 계산하여 사승방을 풀면 고원의 지름을 얻는다.147)

又術立一爲平方面 0 自之十二之 0 一分半之爲立方面 0

1 0 1.5

12

再乘又十二之 0 二分之爲三乘方面 0 三自乘十二之 0

0 2 0

0 0

40.5 0

192

五分之爲四乘方面 四自乘 又十二之 0 十二分半之爲古周

0

0

0

0

37500

0 自之〔十二段〕 0 加十尺爲古徑 10

12.5 0 12.5

156.25

自之一百尺 二之〔四段〕 又三之 900

二十五分之二百五十 2250

自之一百五六尺二五 1406.25

147) 본문이 잘못되었다. 계산한 결과는 고원의 지름이 아니라 정사각형의 한 변이다.

與十二積相消 四乘方開之 得古徑148)

앞에서 2배하여 삼승방의 한 모서리라고 한 것은 정육면체의 분모 3을 삼승방의 분모 4에 곱하여 12를 얻고 정육면체의 분자 2를 삼승방의 분자 3에 곱하여 6을 얻어 각각을 6으로 약분하니 $\frac{1}{2}$을 얻은 것이다. 다시 사승방의 분모 5에 2를 곱하여 10이니 2로 나누어 $\frac{1}{5}$이다. 다시 5를 고원의 둘레의 분모에 곱하면 25이고 분자 2로 약분하면 12푼 반이다.

右二分之爲三乘方者 以立方分母三因三乘母四得十二 立方子二因三乘子三得六 各六約之得二分之一也 又以二分乘四乘母五得一十 各半之五分之一也 又以五分乘古周母二十五 以子二約之得一十二分半也

〔3-30〕

평방 (1)(2)(3) 천원1 －1
+ － + 1 두 번째 번

입방 (1)(2)(3)(4)
－ + － + 첫 번째, 세 번째 번

3승 (1)(2)(3)(4)(5)
+ － + － + 두 번째, 네 번째 번

4승 (1)(2)(3)(4)(5)(6)
－ + － + － + 첫 번째, 세 번째, 다섯 번째 번

5승 (1)(2)(3)(4)(5)(6)(7)
+ － + － + － + 두 번째, 네 번째, 여섯 번째 번

平方 (一) (二) (三) 天元一 -1
| 〸 | 1 第二位翻

立方 (一) (二) (三) (四)
〸 | 〸 | 第一第三位翻

三乘 (一) (二) (三) (四) (五)
| 〸 | 〸 | 第二第四翻

148) 古徑을 平方面으로 고쳐야 한다.

四乘	(一)	(二)	(三)	(四)	(五)	(六)		
	†	|	†	|	†	|		第一第三第五位翻
五乘	(一)	(二)	(三)	(四)	(五)	(六)	(七)	
	|	†	|	†	|	†	|	第二第四第六位翻

평방, 삼승, 오승의 첫 번째 수들의 합에서 입방, 사승의 첫 번째 수들의 합을 빼는 것은 순감이다. 입방, 사승의 첫 번째 수들의 합에서 평방, 삼승, 오승의 첫 번째 수들의 합을 빼는 것은 변감이다. 입방, 사승의 두 번째 수들의 합에서 평방, 삼승, 오승의 두 번째 수들의 합을 빼는 것은 순감이다. 평방, 삼승, 오승의 두 번째 수들의 합에서 입방, 사승의 두 번째 수들의 합을 빼는 것은 변감이다. 세 번째, 네 번째, 다섯 번째도 이와 같다.

如平三五第一位共積 內減去立四第一位共積 則順減也 如立四第一位共積 內減去平三五第一位共積 則翻減也 如立四第二位共積 內減去平三五第二位共積 則順減也 如平三五第二位共積 內減去立四第二位共積 則翻減也 第三第四第五倣此

〔3-31〕

평방 2위

실 | |
방 가 | 순 감 † 번
염 | |

입방 4위

실 | | | |
방 가 | 순 가 † 번 감 | 순 감 † 번
염 가 | 순 감 † 번 감 † 번 가 | 순
우 | | | |

삼승방 8위

실 | | | | | | | |

방　가|순　가†번　감|순　가|순　감†번　감|순　감†번　가†번
상렴 가|순　가†번　가†번　감|순　감|순　감†번　가|순　감†번
하렴 가|순　감†번　감†번　감†번　감†번　가|순　가|순　가|순
우　|　|　|　|　|　|　|　|

사승방 16위
실　|　|　|　|　|　|　|　|
방　가|순　가†번　감|순　가|순　감†번　감|순　감†번　가†번
상렴 가|순　가†번　가†번　감|순　감|순　감†번　가|순　감†번
중렴 가|순　가†번　감|순　가|순　감†번　감|순　감†번　가†번
하렴 가|순　감†번　감†번　감†번　감†번　가|순　가|순　가|순
우　|　|　|　|　|　|　|　|

실　|　|　|　|　|　|　|　|
방　가|순　가†번　감|순　가|순　감†번　감|순　감†번　가†번
상렴 가|순　가†번　가†번　감|순　감|순　감†번　가|순　감†번
중렴 가|순　가†번　감|순　가|순　감†번　감|순　감†번　가†번
하렴 가|순　감†번　감†번　감†번　감†번　가|순　가|순　가|순
우　|　|　|　|　|　|　|　|

平方二位
實　|　|
方　加|川　減†反
廉　|　|

立方四位
實　|　|　|　|
方　加|川　加†反　減|川　減†反
廉　加|川　減†反　減†反　加|川
隅　|　|　|　|

三乘方八位

實　　|　　|　　|　　|　　|　　|　　|　　|
方　加|川　加十反　減|川　加|川　減十反　減|川　減十反　加十反
上廉 加|川　加十反　加十反　減|川　減|川　減十反　加|川　減十反
下廉 加|川　減十反　減十反　減十反　減十反　加|川　加|川　加|川
隅　　|　　|　　|　　|　　|　　|　　|　　|

四乘方十六位
實　　|　　|　　|　　|　　|　　|　　|　　|
方　加|川　加十反　減|川　加|川　減十反　減|川　減十反　加十反
上廉 加|川　加十反　加十反　減|川　減|川　減十反　加|川　減十反
中廉 加|川　加十反　減|川　加|川　減十反　減|川　減十反　加十反
下廉 加|川　減十反　減十反　減十反　減十反　加|川　加|川　加|川
隅　　|　　|　　|　　|　　|　　|　　|　　|

實　　|　　|　　|　　|　　|　　|　　|　　|
方　加|川　加十反　減|川　加|川　減十反　減|川　減十反　加十反
上廉 加|川　加十反　加十反　減|川　減|川　減十反　加|川　減十反
中廉 加|川　加十反　減|川　加|川　減十反　減|川　減十反　加十反
下廉 加|川　減十反　減十反　減十反　減十反　加|川　加|川　加|川
隅　　|　　|　　|　　|　　|　　|　　|　　|

반이란 번이다. 천이란 순이다. 〔여기서 반이란 문자는 반절의 반과 같다. 반과 천은 모두 문자의 생략의 편리함에 따른 것이다.〕149)
反者翻也 川者順也〔此反字與反切之反同 反川皆從省便也〕

우의 앞에서 번은 감이고 순은 가이다. 뒤에서는 같은 류는 서로 따르고 다른 류는 지운다. 〔따른다는 것은 가이다. 지운다는 것은 감이다. 같은 류란 것은 번은 번을 보고 순은 순을 보는 것이다. 다른 류란 것은 번은 순을 보고 순은 번을 보는 것이다.〕

149) 번(翻)과 순(順)을 간략히 쓰기 위해 생략한 글자로 반(反)과 천(川)을 사용하고 있음을 말한다. 의미를 살리기 위해 번역문에서는 '번'과 '순'으로 나타내기로 한다.

隅前反減川加 後同色相從異色消 〔從加也 消減也○同色者反見反 川見川也 異色反見川 川見反也〕

객이 감이면 주는 순이 되고 주가 감이면 객은 번이 된다. 〔평방, 입방, 삼승방, 사승방, 오승방 모두 합하여 다섯 가지 방에서 각각 그 열에 있어서 서로 감할 때 순은 주가 되고 번은 객이 된다. 객이 주에서 감이면 주는 감축되었다 하고 혹 주가 적고 객이 많으면 주는 객에서 감이다.〕
以客減 主爲川 以主減 客爲反 〔凡平立三四五合爲五箇方 其各列自相消之除 川者爲主 反者爲客 以客減於主 則主爲之被減而縮 或主少客多 則主反減於客〕

오승방 가배법(五乘方加倍法)
실 방 상렴 중렴 하렴 상우 하우
(1) (2)6 (3)15 (4)20 (5)15 (6)6 (7)
〔7, 즉 첫째 자리의 수가 1이다. 윗자리의 말들이 다르나 수는 같다.〕
實 方 上廉 中廉 下廉 上隅 下隅
(一) (二)六 (三)十五 (四)二十 (五)十五 (六)六 (七)
〔七卽初位一 卽上位言異而位同〕

이 네 개의 그림([3-31])은 번, 순, 가, 감의 이치를 밝히는 것이다. 그 법은 아래에서 위로 가고 첫째 자리는 모든 방에서 순이다. 따라서 처음 순에서 올라가 순을 만나 가이고 번을 만나 감이다. 나머지도 이와 같다.
凡此四圖所以明反川加減之理也 其法自下而上 其初位諸方皆川也 故自初川而上遇川則加 遇反則減 餘倣此

평방, 입방, 삼승방, 사승방의 여러 방에서 각 자리에 번과 순으로 정부의 이름을 붙여 더하고, 빼는 방법으로 염·우에서 시작하여 방법에 이르고 실의 자리에서 그치는 것은 바로 상과 방법을 곱하여 제하기 때문이다. 방·염·우의 모든 법의 계산이 그 이치는 모두 같고 실의 한 자리만 여기에 들어있지 않은 것은 천하의 수학이 그 수는 비록 지극히 많다 하더라도 어찌 법산이 없고 실산이 없다고 하겠는가. 또한 어찌 법으로서 그 실을 곱하고 나누고 하지 않는 것이 있겠는가. 개방의 방법은 오직 법으로 나누고 곱하지 않으므로 그 법은 법실과 실원의 두 가지이므로 더하고 빼는 것을 서로 혼동하지 말아야 한다. 법과 실을 서로 혼동하지 말아야 하는 것을 안다면 바로 번순정부에서 이루어지는 가감을 아는 것이다. 개방의 이론은 심오하고 저명하므로 이후 깊이 연구하고자 하는 사람은 이 점을 더욱 생각해야 할 것이다.

凡平立三四乘諸方 各位以反川名正負 以加以減其術 自廉隅至方法而 止其實位 則但以商命方除之而已盡 方廉隅皆法算 其理一也而 實之一位不與此限 天下之算 其數雖至多 安有無法算無實算者乎 亦安有不以法乘除其實者乎而 開方之法獨以法除之而 不以乘故也 是其法自法實自實元是二色 故其所以加減者不相混也 知法與實之不可相混 則知反川正負之所以加減矣 開方之術不亦深切而著明乎哉 後之究微之士尚亦有巧於玆焉

〔3-32〕 개방요결초(開方要訣鈔)

〔〈산학계몽〉. 번·순, 두 가지 개방법을 합한 것이다.〕

같은 부호는 서로 더하고 다른 부호는 서로 뺀다. 정이 상대가 없으면 정이고 부가 상대가 없으면 부이다.

같은 부호는 서로 곱하면 정이고 다른 부호는 서로 곱하면 부이다.

위의 두 가지 법칙은 개방법의 아주 긴요한 요점이다. 〔앞의 방법은 개방법의 계산에 필요하고 뒤의 방법은 자리의 부호를 정하는 데 필요하다.〕 정이 정을 만나고 부가 부를 만나는 것을 동명이라 하고 정이 부를 만나고 부가 정을 만나는 것을 이명이라 한다. 가령 정 곱하기 정은 물론 정이고 부 곱하기 부도 역시 정이다. 정과 부를 서로 곱하면 부이다.

〔啓蒙◯合翻順二開之法〕

同名相加 異名相減 正無人正 負無人負

同名相乘爲正 異名相乘爲負

右二條乃開方之喉襟也〔前術用於命開方積 後術用於定位名色〕 蓋正見正負見負曰同名 正見負負見正曰異名 如以正乘正固爲正 以負乘負亦爲正 其正與負相乘同爲負

4 쇠분(衰分)

〔이 부분의 문제는 비록 개방의 방법을 이용하지는 않으나 역시 천원1을 이용하기 때문에 여기에 싣는다. 그러나 천원1법에서 1을 세워 정부의 우법으로 하는 것은 이제까지 이야기한 바이니 어찌 우법에만 관계있겠는가. 만약 1을 세워 쇠분의 한 비율을 나타내어도 당연할 것이다.〕

〔此門雖非開方之術而 亦用天元一故附見焉 然而天元一法 立一者所以爲正負隅法而已本文所列 何干於隅法 若以立一稱爲一分 以著衰分之分 則相當矣〕

〔4-1〕 지금 갑군이 주력이 되어 을, 병, 정, 무군을 거느려 5군을 점병하니 1234507명이다. 다만 을은 갑의 $\frac{1}{2}$이고, 병은 을의 $\frac{2}{3}$이고, 정은 병의 $\frac{3}{4}$이고, 무는 정의 $\frac{4}{5}$라고 한다. 5군은 각각 얼마인가?

今有甲領 乙丙丁戊五軍店兵 得一百二十三萬四千五百空七人 只云乙如甲二分之一 丙如乙三分之二 丁如丙四分之三 戊如丁五分之四 問五軍各幾何

답: 갑 540660명　　을 270330명　　병 180220명
　　정 135165명　　무 108132명

答甲五十四萬空六百六十人　乙二十七萬空三百三十人
　丙一十八萬空二百二十人　丁一十三萬五千一百六十五人
　戊一十空萬八千一百三十二人

갑 1을 천원1로 놓자. 2로 나누어 을 0.5이다. 4로 나누어 정 0.25이다. 5로 나누어 무 0.2이다. 모두 합하여 1푼 95이다. 왼쪽에 놓아두자. 3으로 1을 나누어 분자 1은 병의 비율이다.150) 다시 병의 분모 3을 왼쪽에 놓아둔 수에 곱하여 5푼 85이고 여기에 병의 1푼을 더하여 6푼 85를 얻어 법으로 한다. 군의 총수를 분모 3배하여 실로 하고, 법으로 나누어 갑군의 총수를 얻는다. 〔이것은 위에서 아래로 내려가는

150) 갑을 3으로 할 때의 비율을 말한다.

순서로 계산한 것이다. 위에서 갑을 1배하여 2로 나누면 을을 얻고, 을을 2배하여 3으로 나누면 병을 얻고, 병을 3배하여 4로 나누면 정을 얻고, 정을 4배하여 5로 나누면 무를 얻는다. 이때 을에서 병을 구할 때 을을 2배하여 3으로 나누어 떨어지지 않으므로 분수로 나타내는 것이다. 갑의 비율이 60이면 을은 30, 병은 20, 정은 15, 무는 12가 되어 모두 더하면 137이다. 여기에 있는 다섯 가지 이름이 본문에는 다섯 나라 이름으로 되어 있으나 여기에서는 갑·을·병·정·무로 바꾸었다.]

立天元一爲甲 1 二而一爲乙 0.5 四而一爲丁 0.25 五而一爲戊 0.2 併之得一分九五寄左 三而一通分内子得一爲丙 1 又以丙分母三因寄左 得五分八五 加入丙一分 得六分八五爲法 列軍摠又以分母三因之得數爲實 實如法而一得甲軍摠數〔此自上而下順計也◯右甲一之二而一得乙 乙二之三而一得丙 丙三之四而一得丁 丁四之五而一得戊 蓋以乙求丙之時 乙二之得一三而一除不盡 故通分内子也◯甲分率六十 乙三十丙二十丁一十五戊一十二 併之一百三十七分 此五色本文以五國名 只取新奇非算書本色 故今以甲乙丙丁戊代之〕

☞ 역자 주: 갑 : 을 : 병 : 정 : 무 $=1 : \frac{1}{2} : \frac{1}{3} : \frac{1}{4} : \frac{1}{5}$

$$=1 : 0.5 : \frac{1}{3} : 0.25 : 0.2$$

여기서 병을 제외한 몫을 모두 더하면 1.95이므로 다른 네 명과 병의 비는 다음과 같다.

$$1.95 : \frac{1}{3} = 5.85 : 1$$

따라서 다섯 명 전체의 합인 6.85를 법으로 하면 비는 다음과 같다.

$$\frac{3}{6.85} : \frac{1.5}{6.85} : \frac{1}{6.85} : \frac{0.75}{6.85} : \frac{0.6}{6.85}$$

별해: 무 1을 천원1로 놓자. 1푼 25를 곱하여 정 1.25이고 2푼 반을 곱하여 을 2.5이고 5푼을 곱하여 갑 5이다. 모두 더하여 9푼 75이다. 왼쪽에 놓아두자. 3으로 5를 나눌 수 없으므로 5를 병의 비율로 하고 분모 3으로 왼쪽에 놓아둔 수에 곱하여 29푼 25이고 여기에 병 5푼을 더하여 34푼 25를 법으로 한다. 군의 총수를 3배하여 실로 하고 법으

로 나누면 군의 총수를 얻는다. 〔이것은 아래에서 위로 가는 역순으로 계산한 것이다. 위에서 무를 5배하여 4로 나누면 정을 얻고 정을 4배하여 3으로 나누면 병을 얻고 병을 3배하여 2로 나누면 을을 얻고 을을 2배하면 갑을 얻는다. 이때 정에서 병을 구할 때 정을 4배하여 비율이 5이고 이것을 3으로 나누어 떨어지지 않으므로 분수를 쓰는 것이다.〕

又術立天元一爲戊 1 一分二五之爲丁 1.25 二分半之爲乙 2.5 五分之爲甲 5 併之得九分七五寄左 三分除五不盡通分內子 得五爲丙 5 又以分母三因寄左 得二十九分二五 加入丙五分 得三十四分二五爲法 列軍摠三因之得數爲實 實如法而一得軍摠數 〔此自下而上逆計也○右戊五之四而一得丁 丁四之三而一得丙 丙三之二而一得乙 乙二之一而一得甲 蓋以丁求丙之時 丁四之得五 三而一除不盡 故通分內子也〕

〔4-2〕 지금 다섯 가지 색의 비단이 있다. 길이의 총수는 302필이다. 다만 황색 비단은 청색 비단의 $\frac{2}{5}$이고, 홍색 비단은 황색 비단의 $\frac{1}{5}$이고, 백색 비단은 홍색 비단의 $\frac{1}{4}$이고, 흑색 비단은 백색 비단의 $\frac{1}{2}$이라고 한다. 각각 얼마인가?

今有五色錦共三百空二匹 只云黃如青五分之二 紅如黃五分之一 白如紅四分之一 黑如白二分之一 問各幾何

답: 청 200필, 황 80필, 홍 16필, 백 4필, 흑 2필
答曰青二百匹　黃八十匹　紅十六匹 白四匹　黑二匹

청 1을 천원1로 놓자. 5로 나누어 다시 2를 곱하여 황 0.4이다. 25로 나누어 다시 2배하여 홍 0.08이다. 50으로 나누어 백 0.02이다. 100으로 나누어 흑 0.01이다. 모두 더하여 1푼 51을 법으로 하고 모든 필수를 실로 하여, 법으로 나누면 청색 비단의 필수이다. 〔이것은 위에서 아래로 가는 순서이다. 청의 비율이 100이면 황은 40, 홍은 8, 백은 2, 흑은 1이다. 모두 더하면 151이다.〕

立天元一爲青 1 五而一又二爲黄 0.4 二十五而一又二之爲紅 0.08 五十而一爲白 0.02 一百而一爲黑 0.01 共得一分五一爲法 列共匹爲實 實如法而一得青匹數〔此自上而下○青分率一百 黄四十紅八白二黑一 併之一百五十一分〕

별해: 흑 1을 천원1로 놓자. 2배하여 백 2이다. 8배하여 홍 8이다. 40을 곱하여 황 40이다. 100을 곱하여 청 100이다. 모두 합하여 151을 법으로 하고 모든 필수를 실로 하여 법으로 실을 나누면 흑색 비단의 필수를 얻는다.〔이것은 아래에서 위로 가는 역순이다.〕
又術立天元一爲黑 1 二之爲白 2 八之爲紅 8 四十之爲黄 40 一百之爲青 100 共得一百五十一爲法 共匹爲實 實如法而一得黑匹數〔此自下而上〕

☞ 역자 주: 청 : 황 : 홍 : 백 : 흑

$$=1 : \frac{2}{5} : \frac{2}{5}\times\frac{1}{5} : \frac{2}{5}\times\frac{1}{5}\times\frac{1}{4} : \frac{2}{5}\times\frac{1}{5}\times\frac{1}{4}\times\frac{1}{2}$$

$$=100 : 40 : 8 : 2 : 1$$

〔4-3〕 지금 다섯 가지 색의 비단이 있다.〔앞의 문제와 같다.〕 다만 백색은 흑색보다 2필 많고, 홍색은 백색보다 12필 많고, 황색은 홍색보다 64필 많고, 청색은 황색보다 120필 많다고 한다. 각각은 얼마인가?
今有五色錦〔上同〕 只云白多黑二匹 紅多白十二匹 黄多紅六十四匹 青多黄一百二十匹 問各幾何

답: 앞 문제의 답과 같다.
答曰 上同

백이 흑보다 많은 수를 4배하면 8, 홍이 백보다 많은 수를 3배하면 36, 황이 홍보다 많은 수를 2배하면 128, 모두 합하고 청이 황보다 많은 수 120을 더하여 292이다. 비단의 총수에서 빼면 10이고 5로 나누면 흑의 필수이다.
列白多黑四之八 紅多白三之三十六 黄多紅二之一百二十八 併青多黄一百二

十 共二百九十二 減共錦得一十 以五爲法而一得黑匹

☞ 역자 주: 다음 그림과 같이 생각할 수 있다.

흑	흑				
백	흑	+2			
홍	흑	+2	+12		
황	흑	+2	+12	+64	
청	흑	+2	+12	+64	+120
	5흑	2×4	12×3	64×2	120

따라서 5흑+8+36+128+120=302

별해: 청이 황보다 많은 수를 4배하여 480, 황이 홍보다 많은 수를 3배하여 192, 홍이 백보다 많은 수를 2배하여 24, 모두 합하고 백이 흑보다 많은 수 2를 더하여 모두 698이다. 비단의 총수를 더하면 1000이고 5로 나누면 청색 비단의 필수이다.
又術青多黃四之四百八十 黃多紅三之一百九十二 紅多白二之二十四 併白多黑二匹共六百九十八 加入共錦得一千 以五爲法而一得青匹

별해: 홍색 비단을 주로 하자. 황이 홍보다 많은 수를 2배하고 청이 황보다 많은 수를 모두 더하여 248이다. 이것을 더한다. 홍이 백보다 많은 수를 2배하고 백이 흑보다 많은 수를 모두 더하여 26이다. 이것을 뺀다. 더하고 뺀 나머지 222를 비단의 총수에서 빼면 80이 남아 실로 하여 5를 법으로 하여 나누면 홍색 비단의 필수이다.
又術以紅爲主 二之黃多紅 一之青多黃 共二百四十八爲加算 二之紅多白 一之白多黑 共二十六爲減算 去減加算餘二百二十二 去減共錦 餘八十爲實 以五爲法而一得紅匹

별해: 황색 비단을 주로 하자. 청이 황보다 많은 수 120을 더하고 황이 홍보다 많은 수를 3배하고 홍이 백보다 많은 수를 2배하고 백이 흑보다 많은 수를 모두 합하여 218을 뺀다. 더하고 뺀 98을 비단의 총수에 더하면 400을 얻고 5를 법으로 하여 나누면 황색 비단의 필수 80

을 얻는다.

又術以黃爲主 一之青多黃得一百二十爲加算 三之黃多紅 二之紅多白 一之白多黑 共二百一十八爲減算 内反減加算一百二十餘九十八 加入共錦得四百以五爲法而一 得黃匹數八十

〔4-4〕 지금 라비단 4자, 능비단 5자, 견 6자의 값은 1219문이고 라비단 5자, 능비단 6자, 견 4자의 값은 1268문이고 라비단 6자, 능비단 4자, 견 5자의 값은 1263문이다. 세 가지 비단 한 자의 값은 각각 얼마인가? 〔4율이다. 1문은 2율이다. 이하 방정정부술이다. 상세한 것은 그곳을 보라. 만약 물건의 수와 돈의 수가 약분 가능하면 약분한다.〕

今有羅四尺綾五尺絹六尺 直錢一千二百一十九文 羅五尺綾六尺絹四尺 直錢一千二百六十八文 羅六尺綾四尺絹五尺 直錢一千二百六十三文 問三色尺價各幾何〔四率 一文爲二率◯以下方程正負術 詳入門 若物數錢數多可約則約之〕

답: 라비단 98문, 능비단 85문, 견 67문
答曰羅九十八文 綾八十五文 絹六十七文

풀이: 포산 그림

6 라	5 라	4 라
4 능	6 능	5 능
5 견	4 견	6 견
1263	1268	1219

오른쪽 열을 가운데 열과 왼쪽 열에서 뺀다. 〔가운데 열의 견과 왼쪽 열의 능, 견은 부가 된다.〕

2 라	1 라	오른쪽 열은 위와 같다.
−1 능	1 능	
−1 견	−2 견	
44 돈	48[151] 돈	

다시 오른쪽 위의 라 4자를 가운데, 왼쪽 두 열에 모두 곱한다.

151) 49로 고쳐야 한다.

8 라　　4 라　오른쪽 열은 위와 같다.
−4 능　　4 능
−4 견　　−8 견
176 돈　　196 돈

오른쪽 열을 가운데 열에 한 번, 왼쪽 열에 두 번 부호가 같으면 빼고 부호가 다르면 더한다.

0 라　　0 라　오른쪽 열은 위와 같다.
14 능　　1 능
16 견　　14 견
2262 돈　　1023 돈

〔가운데 열의 능과 돈 및 왼쪽 열의 돈은 모두 부가 되어, 두 열 여섯 수가 모두 부가 되므로 정으로 고쳤다.〕

가운데 열을 왼쪽 열에서 14번 뺀다.

0 라　　0 라　오른쪽 열은 위와 같다.
0 능　　1 능
180 견　　14 견
12060 돈[152]　　1023 돈

왼쪽 열에서 라와 능은 0이 되고 견〔1률〕은 180자가 되고 돈은 〔3률〕 12관 60문이므로 위는 법이 되고 아래는 실이 되어 나누면 견 한 자의 값〔67문〕을 얻는다. 이것을 가운데 열의 견에 곱하여 얻은 수〔928문〕를 가운데 열의 돈에서 빼면 나머지가 바로 능비단 한 자의 값〔85문〕이다. 오른쪽 열의 능 5자이면 425문이고 아래의 돈에서 빼고〔793문[153] 남는다.〕 다시 견 6자이면 402문이고 이것을 다시 남은 돈〔793문[154]〕에서 뺀 나머지 392문을 4로 나누어 라비단 한 자의 값이다.

術曰依圖布算

6 羅　　5 羅　　4 羅
4 綾　　6 綾　　5 綾
5 絹　　4 絹　　6 絹

152) 왼쪽 열의 견 180과 돈 12060은 모두 부로 고쳐야 한다.
153) 794문으로 고쳐야 한다.
154) 794문으로 고쳐야 한다.

1263　1268　1219 錢

便以右行直減中左二行〔中行絹左行綾絹反減故爲負〕

2 羅	1 羅	右
−1 綾	1 綾	行
−1 絹	−2 絹	上
44 錢	48 錢	同

又以右上羅四尺遍因中左二行

8 羅	4 羅	右
−4 綾	4 綾	行
−4 絹	−8 絹	上
176 錢	196 錢	同

仍用右行一次〔同減異加〕中行 二次〔同減異加〕左行

0 羅	0 羅	右
14 綾	1 綾	行
16 絹	14 絹	上
2262 錢	1023 錢	同

〔中行綾錢及左行錢位 皆被反減以正爲負 則二行六位爲純負 故不曰負而皆曰正〕又以中行綾一直減左行凡十四次

0 羅	0 羅	右
0 綾	1 綾	行
180 絹	14 絹	上
12060 錢	1023 錢	同

左行羅綾空 餘絹〔一率〕一百八十尺 錢〔三率〕一十二貫空六十文 上法下實而得絹尺價〔六十七文〕 以乘中行絹〔得九百二十八文〕 就減中行錢 餘〔一約之〕卽綾尺價〔八十五文〕 就乘右行綾五尺得四百二十五 以減右下錢〔餘七百九十三[155]文〕 又以絹尺價乘右行絹六尺 得四百空二文 又減右下錢〔初減七百九十三[156]〕 餘三百九十二文 四約之羅尺價

별해: 왼쪽 열을 가운데 열과 오른쪽 열에서 바로 뺀다. 가운데 열은 라는 부1, 능은 정2, 견은 부1, 돈은 정5이고 오른쪽 열은 라는 부2, 능

155) 四로 고쳐야 한다.
156) 四로 고쳐야 한다.

은 정1, 견은 정1, 돈은 부44이다. 왼쪽 열 위의 라 6을 가운데, 오른쪽 열에 모두 곱하고 왼쪽 열을 한 번 가운데 열에 부호가 같으면 더하고 부호가 다르면 빼어 라는 0, 능은 정16, 견은 부1, 돈은 정 1293이다. 다시 왼쪽 열을 두 번 가운데 열에[157] 부호가 같으면 더하고 부호가 다르면 빼어 라는 0, 능은 정14, 견은 정16, 돈은 정2262이다. 그 다음, 가운데 열 능 16을 오른쪽 열에 모두 곱하고 가운데 열을 14번 오른쪽 열에 부호가 같으면 빼고 부호가 다르면 더하여 능은 역시 0이고 견은 부 270[158]이고 돈은 정18090이다. 위는 법이 되고 아래는 실이 되어 나누면 견 1자의 값을 얻고 이것을 가운데 열의 견 부1을 곱하여 가운데 열의 돈에서 뺀 나머지를 16으로 나누어 능비단 한 자의 값을 얻는다. 오른쪽 열[159] 능 4와 견 5에 각각의 1자 값을 곱하여 오른쪽 열[160] 돈에서 뺀 나머지를 오른쪽 위[161] 라 6으로 나누어 라비단 1자의 값을 얻는다.

又術左行直減中右二行　中羅負一綾正二絹負一錢正五　右羅負二綾正一絹正一錢負四十四　乃以左上羅六遍因中右二行　以左行一次異減同加中行　羅空綾正十六絹負一錢正一千二百九十三　又以左行二次異減同加中行[162]　羅空綾正十四絹正十六錢正二千二百六十二　乃以中行綾十六遍因右行　以中行十四次同減異加右行　則綾亦空絹負[163]二百七十錢正一萬八千空九十空　上法下實而一亦得絹尺價　以中行絹負一因之　以減中行錢餘　以綾十六而一　得綾尺價　乃以右[164]行綾四絹五各因尺價　以減右[165]行錢餘　以右[166]上羅六而一得羅尺價

157) 가운데 열이 아니라 오른쪽 열이다.
158) 정 270으로 고쳐야 한다.
159) 왼쪽 열로 고쳐야 한다.
160) 왼쪽 열로 고쳐야 한다.
161) 왼쪽 위로 고쳐야 한다.
162) 右行으로 고쳐야 한다.
163) 正으로 고쳐야 한다.
164) 左로 고쳐야 한다.
165) 左로 고쳐야 한다.
166) 左로 고쳐야 한다.

5 천원1술보유(天元一術補遺)

〔새로 정하였다. 〈산학계몽〉의 개방법에 준한다.〕〔新定 準啓蒙開方法〕

이 법은 제곱하거나 서로 곱할 때의 여러 가지 방법이다. 만약 포지금산법으로 다룬다면 자리 수에 변화가 있을 것이 자명하다.
무릇 천원1 $\begin{matrix}0\\1\end{matrix}$ 위에 다른 수를 더하면 바로 $\begin{matrix}1\\1\end{matrix}$ 인 모양이 되고 다른 수를 빼면 바로 $\begin{matrix}-1\\1\end{matrix}$ 인 모양이고 혹시 천원1을 다른 수에서 빼면 $\begin{matrix}1\\-1\end{matrix}$ 인 모양이다. 거기에서 $\begin{matrix}-1\\1\end{matrix}$ 은 내감[167]이다. 〔이들의 대응 관계는 자리 수에 따라서 한다. 저쪽의 첫째 자리 수는 이쪽의 첫째 자리 수에 대응하고 저쪽의 둘째 자리 수는 이쪽의 둘째 자리 수에 대응한다. 부호가 같을 때 곱하면 정이고 부호가 다를 때 곱하면 부이다.〕
此法自之相乘諸術 若以鋪地錦算法御之略 有變通位數自明矣 凡 $\begin{matrix}0\\1\end{matrix}$ 天元一上加入他數 則爲 $\begin{matrix}1\\1\end{matrix}$ 減去他數 則爲 $\begin{matrix}-1\\1\end{matrix}$ 或以天元一減去他數 則爲 $\begin{matrix}1\\-1\end{matrix}$ 其 $\begin{matrix}-1\\1\end{matrix}$ 者内減也〔按寄左消息一切隨其位次 彼之首位消息於此之首位 彼之次位消息於此之次位◯同名相乘爲正 異名相乘爲負〕

〔5-1〕 천원1(두 자리)
〔〈산학계몽〉에 말하기를 산대 하나를 빌려 태극 아래[168] 세운다는 것이

167) 'a 內減 b'는 $a-b$란 뜻이다. 곧 천원1인 x에서 다른 수를 빼는 것을 말한다.
168) 사원술에 따른 산대의 배치에서 아래 그림과 같이 天이 太 아래 위치함을 말한다.

	物	
地	太	人
	天	

다. 즉 0 〕
1

제곱하면 세 자리이다. 〔평방이다. 부호가 다른 두 자리를 만나서 곱하여도 역시 같다. 이 이하는 바로 개방법에서 수의 층수를 정하는 것이다.〕
세 자리를 만나 곱하면 네 자리이다. 〔입방〕
네 자리를 만나 곱하면 다섯 자리이다. 〔삼승방〕
다섯 자리를 만나 곱하면 여섯 자리이다. 〔사승방〕
天元一 (二位) 〔啓蒙曰 假立一算於太極之下者也卽 0
1〕
自乘爲三位 〔平方◯遇異名二位乘亦同◯此以下卽開方之定位層數也〕
遇三位乘爲四位 〔立方〕
遇四位乘爲五位 〔三乘方〕
遇五位乘爲六位 〔四乘方〕

〔5-2〕 평방(세 자리)
두 자리를 만나 곱하면 네 자리이다. 〔입방〕
제곱하면 다섯 자리이다. 〔삼승방. 부호가 다른 세 자리를 곱해도 역시 같다.〕
네 자리를 만나 곱하면 여섯 자리이다. 〔사승방〕
平方 (三位)
遇二位乘爲四位 〔立方〕
自乘爲五位 〔三乘方◯遇異名三位乘亦同〕
遇四位乘爲六位 〔四乘方〕

〔5-3〕 입방(네 자리)
두 자리를 만나 곱하면 다섯 자리이다. 〔삼승방〕
세 자리를 만나 곱하면 여섯 자리이다. 〔사승방〕
제곱하면 일곱 자리이다. 〔오승방〕
立方 (四位)
遇二位乘爲五位 〔三乘方〕
遇三位乘爲六位 〔四乘方〕

自乘爲七位〔五乘方〕

〔5-4〕 삼승방(다섯 자리)
두 자리를 만나 곱하면 여섯 자리이다. 〔사승방〕
三乘方 (五位)
遇二位乘爲六位〔四乘方〕

〔5-5〕 사승방(여섯 자리)
두 자리를 만나 곱하면 일곱 자리이다. 〔오승방〕
四乘方 (六位)
遇二位乘爲七位〔五乘方〕

☞ 역자 주: m차식과 n차식을 곱하여 $m+n$차식이 되는 것을 설명한 것이다. 다만 자릿수는 항의 개수를 말하는 것으로, $m+1$자리는 1에서 m차항 까지와 상수항을 포함하므로 곧 m차식이다.

대체적으로 평방, 입방, 삼승방, 사승방에서 자리를 정하는 방법은 모두 자연적으로 이루어지는 것이고 사람의 힘이 용납되는 것이 아니며 그 근본의 시작도 스스로 나타났다. 가령 한 변이 2자이면 평방적은 4자, 입방적은 8자, 삼승방적은 16자, 사승방적은 32자이다. 3자 이상도 모두 이와 같이 생각한다. 이것으로 미루어볼 때 자리를 정하는 방법은 스스로 손바닥의 손금을 보는 것 같다. 또한 한 변이 1자이면 평, 입, 삼승, 사승방적이 모두 1자가 되어 그 본신은 변하지 않으므로 말할 것 없다. 〔이하 여러 가지 개방설에 관한 이야기는 <산학계몽>에 의거하였다.〕
大抵平立三四乘方相乘定位之術 皆出於自然 非人力所容而 其本源又有所自出 假令方面二尺 則平方積四尺 立方積八尺 三乘方積十六尺 四乘方積三十二尺 三尺以上皆可引而伸之 以此互推則定位之術自如掌内觀紋矣 又如方面一尺 則平立三四乘方積皆止一尺 其本身不變故不論也〔己下雜論開方説皆據啓蒙〕

〔5-6〕

0　제곱하면 0 이고 세제곱하면 0 이다. 즉 0 과 0 을 곱한 것이다.
1　　　　　0　　　　　　　　0　　　　1　0
　　　　　　1　　　　　　　　0　　　　　　1
　　　　　　　　　　　　　　1

〔이하 모두 천원1산에서 곱하거나 제곱하여 정이 되고 부가 되는 예들이다. 그 대략적인 것은 여기에 아직 나오지 않았다. 이 이하는 개방에서 자리를 정하는 것이다.〕

1 을 제곱하면 1 의 모양이 된다. 1 에 1 을 곱하면 1 의 모양이 되어
1　　　　　　1　　　　　　　　1　1　　　　　1
　　　　　　1　　　　　　　　　1　　　　　1
　　　　　　　　　　　　　　　　　　　　　1

네 자리이다. 1 에 부호가 다른 0 을 곱하면 0 이 된다. 가령 0 에
　　　　　　−1　　　　　　1　　　　　1　　　　　　1
　　　　　　　　　　　　　　　　　　−1

92 을 곱하면 0 이 되는 종류이다. 1 에 부호가 다른 1 을 곱하면
−1　　　　　92　　　　　　　　−1　　　　　　1
　　　　　　−1

1 이 된다. 가령 74 에 74 을 곱하면 5476 이 되는 종류이다.
0　　　　　　　1　−1　　　　　0
−1　　　　　　　　　　　　　　−1

〔가운데자리에 0이 있는 것은 서로 곱할 때 부의 수를 정의 수에서 뺀 것이다. 그 정부의 수가 같기 때문에 자리의 수가 0이다.〕 역시 부호가 다른 1 을 곱하여 1 이 된다. 가령 16 에 92 을 곱하면 1472 이
　−1　　　　1　　　　　　1　−1　　　　　　76
　　　　　−1　　　　　　　　　　　　　　　−1

되는 것들이다. 〔여기에서 가운데자리가 76인 것은 서로 곱할 때 부인 −16을 정인 92와 셈하여 나머지가 76이기 때문이다.〕

−1 이 부호가 다른 0 을 만나 곱하면 0 이 된다. 가령 0 을 −2288
1　　　　　1　　　　　−1　　　　　　1　　108
　　　　　　　　　　　　1

에 곱하면　　　0 이 되는 종류이다. −1 가 부호가 다른 1 을 만나
　　　−2288　　　　　　　　　　1　　　　　　1

108

곱하면 −1 이 된다. 가령 30 에 −30 을 곱하면 −900 이 되는

0 1 1 0

1 1

종류이다. 〔가운데자리가 0인 것은 그 이유가 앞에서 한 가운데가 0인 것과 같다. 또한 가운데가 76인 것도 참고하여라.〕

−1 을 제곱하면 1 의 모양이 된다. 가령 −13 을 제곱하면 169 이

1 −1 1 −26

1 1

되는 종류이다. 1 을 제곱하면 1 의 모양이 된다. 가령 56 을 제곱

−1 −1 −1

1

하면 3136 이 되는 종류이다. −1 을 제곱하면 1 의 모양이 된다.

−112 0 0

1 1 −1

0

1

가령 −748 을 제곱하면 다섯 자리 5595040 이 되는 종류이다.

0 0

1 −1496

0

1

〔제곱할 때는 우법의 수가 가운데자리에 곱해진다.〕

1 을 제곱하면 1 의 모양이 된다. 가령 456 를 제곱하면 다섯 자리

0 0 0

−1 −1 −4[169)]

0

1

207936 인 종류이다.

0

2736[170)]

---

169) -3으로 고쳐야 한다.

0
9
1 이 부호가 다른 0 을 만나 곱하면 0 이 된다. 가령 0 에 10192
−1 1 1 1 −76
1 −1 1
1
을 곱하면 0 이 되는 종류이다.
10192
−76
1
1 에 항이 다른 0 을 만나 곱하면 0 이 된다. 가령 0 에 2256 을
0 0 0 0 0
1 1 1 1 1
0
1
곱하면 0 이 되는 종류이다.
0
2256
0
1
1 에 항이 다른 0 을 곱하면 0 이 된다. 가령 0 에 484 을
1 0 0 0 44
1 1 1 1 1
1
1
곱하면 0 이 되는 종류이다.
0
484
44
1
1 에 항이 다른 0 을 곱하면 0 이 된다. 가령 0 에 3721 을 곱하면

170) −2736으로 고쳐야 한다.

1 0 0 0 122
1 0 0 0 1
1 1 1
1
1

0 이 되는 종류이다.
0
0
3721
122
1

0 自之爲 0 再自之爲 0 卽以 0 乘 0 也〔以下皆天元一算乘之自之
1 0 0 1 0
1 0 1
1

爲正爲負之例 其大略槩不出此◯此已下卽開方之定位名色也〕
1 自之爲 1 1 乘 1 爲 1 四位 1 遇異名 0 乘爲 0
1 1 1 1 1 −1 1 1
1 1 1 −1
1

如 0 乘 92 爲 0 之類 1 遇異名 1 乘爲 1 如 74
1 −1 92 −1 1 0 1
−1 −1

乘 74 爲 5476 之類〔中位空者相乘之際 以負減正也 其正負數均
−1 0
−1

故位空也〕 亦有遇異名 1 乘爲 1 如 16 乘 92 爲 1472
1 1 1 −1 76
−1 −1

之類〔中位得七十六者 相乘之際 以負−16減正92 故餘留七十六也〕
−1 遇異名 0 乘爲 0 如 0 乘 −2288 爲 0 之類
1 1 −1 1 108 −2288

1　　　　　　　　　　108
－1 遇異名 1 乘爲 －1 如 30 乘 －30 爲 －900
1　　1　　0　　1　　1　　0
1　　1

之類〔中位空者 其理亦與上術中位空者相同 更叅中位七十六者觀之〕
－1 自之爲 1 如 －13 自之爲 169 之類 1 自之爲 1
1　　－1　　1　　－26　　－1　　－1
1　　1　　1

如 56 自之爲 3136 之類
－1　　－112
1

－1 自之爲 1 如 －748 自之爲五位 559504 之類〔凡自乘者隨隅法
0　　0　　0　　0
1　　－1　　1　　－1496
0　　0
1　　1

分數加因中位〕
1 自之爲 1 如 456 自之 爲五位 207936 之類
0　　0　　0　　0
－1　　－1　　－4[171)]　　2736[172)]
0　　0
1　　9

1 遇異名 0 乘爲 0 如 0 乘 10192 爲 10196 之類
－1　　1　　1　　1　　－76　　－76
1　　－1　　1　　1
1

1 遇異名 0 乘爲 0 如 0 乘 2256 爲 0 之類
0　　0　　0　　0　　0　　0
1　　1　　1　　1　　1　　2256
0　　0

---

171) －3으로 고쳐야 한다.
172) －2736으로 고쳐야 한다.

				1						1	
1	遇異名	0	乘爲	0	如	0	乘	484	爲	0	之類
1		0		0		0		44		0	
1		1		1		1		1		484	
				1						44	
				1						1	

1	遇異名	0	乘爲	0	如	0	乘	3721	爲	0	之類
1		0		0		0		122		0	
1		0		0		0		1		0	
		1		1		1				3721	
				1						122	
				1						1	

천원1산법을 살펴보건대, 자리의 수들을 정한 다음 왼쪽에 놓아두고 문제에서 주어진 원래의 적수를 조건에 맞게 조정하여 왼쪽에 놓아둔 식과 계산한다. 왼쪽에 놓아둔 수가 크면 저쪽의 수가 넘어와서 빼더라도 순감이 되어 정이 되고, 왼쪽에 놓아둔 수가 작으면 뺄 때 번감이 되어 부가 된다.

按天元一算法 位定數併審爲何般方然後乃寄左方 又以元積數或別數隨其自然相値者與寄左相消息 寄左數多於彼 則彼來減此爲順減爲正 寄左數少於彼 則此反減彼爲翻減爲負 本負則與彼相併同爲負

〔5-7〕 지금 어떤 수를 두 번 곱하여 4096보를 실로 한다. 한 산대를 빌려서 끝자리 수 6보의 아래에 놓고 이름을 염법이라 한다. 〔당연히 우법이라고 한다.〕 실에 따라서 한 자리 띄어 백의 자리 밑에 이르러 멈추고 염 위에는 상을, 실 아래에는 방법을 놓고〔당연히 염법이라고 한다.〕 상과 곱하여 실에서 빼면 64보로 딱 떨어진다.

今有平方冪四千空九十六步列爲實 借一算於六步下名廉法〔當云隅法〕 常超一位 至百步下止 乃上商於廉上 實下置方法〔當云廉法〕 乃命商除實 得六十四步恰盡

〔5-8〕 지금 어떤 수를 세 번 곱하여 17576자를 실로 한다. 한 산대를 빌려 끝자리 6의 아래에 놓고 이름을 우법이라 한다. 실에 따라서 항상 두 자리 띄어 1000자의 아래에 이르러 멈추고 상상, 방법〔마땅히 자승렴이라고 말하여야 한다.〕, 염법〔당연히 장렴이라고 말하여야 한다.〕을 놓은 다음, 서로 곱하여 실에서 빼면 26자를 얻어 딱 떨어진다.
今有立方冪一萬七千五百七十六尺列爲實 借一算於六尺下名隅法 常超二位至千尺下止 乃上商 方法〔當云自乘廉〕 廉法〔當云長廉〕 置訖相命除實 得二十六尺恰盡

〔5-9〕 지금 정사각형의 넓이가 $59414\frac{1}{16}$보이다. 가분수로 고쳐 분자의 제곱근을 구하면 975를 얻고, 다시 분모의 제곱근을 구하면 4보를 얻어 나누면 구하는 한 변이다.
今有積五萬九千四百一十四步一十六分步之一 列全步通內爲實 開平方得每面積分九百七十五 又分母爲實開平方得四報除 得方面

〔5-10〕 지금 정육면체의 부피가 $133768\frac{288}{343}$자이다. 가분수로 고쳐 분자의 세제곱근을 구하면 358을 얻고, 다시 분모를 실로 하여 세제곱근을 구하면 7을 얻어 나누면 정육면체의 한 모서리이다.
今有積一十三萬三千七百六十八尺三百四十三分尺之二百八十八 通內爲實開立方 得每面方積分三百五十八 又分母爲實開立方得七報除 得立方面

〔5-11〕 지금 삼승방의 부피가 $1129458\frac{511}{625}$자이다. 가분수로 고쳐 분자의 네제곱근을 구하면 163을 얻고, 분모를 실로 하여 네제곱근을 구하면 5를 얻어 나누면 삼승방의 한 모서리이다.
今有積一百一十二萬九千四百五十八尺六百二十五分尺之五百一十一 通內爲實開三乘方 得每面方積分一百六十三 又分母爲實開三乘方得五報除 得三乘

方面

〔5-12〕

무릇 번개방법에서 평방이면 바로 $\begin{matrix}1\\-1\\1\end{matrix}$ 이고 입방이면 바로 $\begin{matrix}-1\\1\\-1\\1\end{matrix}$ 이고 삼승방이면 바로 $\begin{matrix}1\\-1\\1\\-1\\1\end{matrix}$ 이고 사승방이면 바로 $\begin{matrix}-1\\1\\-1\\1\\-1\\1\end{matrix}$ 이다.

비록 그 천원1의 가감의 수가 $\begin{matrix}-1\\1\end{matrix}$ 이거나 혹은 $\begin{matrix}1\\1\end{matrix}$ 이거나 혹은 $\begin{matrix}1\\-1\end{matrix}$ 과 같다고 할지라도 그 두 자리 수 사이에 정부의 모양이 여러 가지 있다. 그러나 그 제곱한 것, 세제곱한 것, 네제곱한 것, 5제곱한 것은 정부의 자리는 고정되어 있어서 같다.

凡翻開方法 平方 則 $\begin{matrix}1\\-1\\1\end{matrix}$ 立方 則 $\begin{matrix}-1\\1\\-1\\1\end{matrix}$ 三乘方 則 $\begin{matrix}1\\-1\\1\\-1\\1\end{matrix}$ 四乘方 則 $\begin{matrix}-1\\1\\-1\\1\\-1\\1\end{matrix}$

雖其天元一加減之數 或 $\begin{matrix}-1\\1\end{matrix}$ 或 $\begin{matrix}1\\1\end{matrix}$ 或 $\begin{matrix}1\\-1\end{matrix}$ 其二位之間正負有諸樣

然及其自之再自之三自之四自之 則正負之位固同也

〔5-13〕 지금 원 모양의 밭 안에 정사각형의 연못이 내접하여 있는데, 연못이 차지한 나머지 부분의 넓이가 8무 65보 7푼 반이다. 다만 4개

의 호시의 너비는 13보로 모두 같다고 한다. 원의 지름과 연못의 한 변은 각각 얼마인가? 〔이하는 주씨 〈산학계몽〉 개방천원1술의 두 문제이고 고법이다.〕

今有圓田一段內有方池容邊而 占之外餘地八畝六十五步七分半 只云四弧矢各闊十三步 問圓徑池方各幾何〔以下朱氏啓蒙開方天元一術二問 古法〕

답: 원의 지름 91보〔대각선 7〕

연못의 한 변 65보〔한 변 5. 무를 보로 고쳐서 4배하면 7943보이다.〕

答曰圓徑九十一步〔斜七〕

池方六十五步〔方五◯畝通內四之七千九百四十三步〕

풀이: 원의 지름을 천원1로 놓자. 0 여기에서 문제에 주어진 수 13보
1
를 2배한 수 26을 빼면 −26 연못의 한 변이다. 제곱하고 4배하면
1
정사각형 넓이의 4배이다. 2704 이것을 왼쪽에 놓아두자. 원의 지름
−208
4
을 제곱하여 3배한다. 0 이것 역시 원의 넓이의 4배이다. 여기에서
0
3
왼쪽에 놓아둔 식을 뺀다. −2704 다시 옆에 놓아두자. 문제에서
208
−1
주어진 넓이를 고쳐 4배하여 다시 놓아둔 식과 서로 계산하여 개방식
−10647 을 얻어 평방을 풀면 원의 지름을 얻는다.
208
−1

여기에서 문제의 조건에서 주어진 수의 2배를 빼면 연못의 한 변이다. 〔앞의 개방식은 부는 본래 정으로 되어 있고 정은 본래 부로 되어 있어 어느 것이 옳은지 혹시 잘못 옮겨쓴 것이 아닌지 몰라서 여기에 고쳐놓

았다.]

術曰立天元一爲圓徑 $\begin{matrix}0\\1\end{matrix}$ 內減倍之云數 $\begin{matrix}-26\\1\end{matrix}$ 餘爲池方面 自之就分四之 爲四段方積 $\begin{matrix}2704\\-208\\4\end{matrix}$ 寄左 又列圓徑自之三之 $\begin{matrix}0\\0\\3\end{matrix}$ 亦爲四段圓積 內減寄左 $\begin{matrix}-2704\\208\\-1\end{matrix}$ 再寄 列畝通步內子四之 與再寄相消得開方式 $\begin{matrix}-10647\\208\\-1\end{matrix}$ 平方開之得圓徑 內減倍之云數 餘卽池方合問 〔右開方式 負本作正 正本作負 殊乘義例或是譌寫 今故改正之〕

☞ 역자 주: 천원술 표기를 오늘날의 표기법으로 고쳐 써보자. 지름을 x라 하면 다음과 같다.

원의 넓이의 4배: $3x^2$

정사각형의 한 변: $x-26$

넓이의 4배: $4(x-26)^2=4x^2-208x+2704$

양자의 차가 8무 65보 7푼 반(1985.75보)의 4배이므로 다음 식이 성립한다.

$$-x^2+208x-2704=7943$$

$$-x^2+208x-10647=0$$

이 이차방정식을 풀어 원의 지름을 구한다.

〔5-14〕 지금 정사각형 밭 안에 원형 연못이 있는데, 연못이 차지한 나머지 부분의 넓이가 2무 6보이다. 다만 네 꼭지점에서 연못에 이르는 거리는 각각 9보 9푼이라고 한다. 연못의 지름과 정사각형의 한 변은 각각 얼마인가? 〔대각선은 37보 8푼〕

今有方田內有圓池占之 外餘地二畝六步 只云四角徑各長九步九分 問池徑田方各幾何 〔方斜三十七步八分〕

답: 연못의 지름 18보

발 한 변 27보 〔무를 고쳐 196을 곱하면 95256보〕

答曰池徑一十八步

田方二十七步〔畝通內一百九十六之 九萬五千二百五十六步〕

풀이: 연못의 지름을 천원1로 놓자. 0 문제의 조건에서 주어진 수를
1
2배하여 더하면 대각선이고 5배하면 발의 한 변의 7배이다. 99
5
제곱하면 정사각형의 넓이의 49배이고 다시 4배하면 정사각형의 넓이
의 196배이다. 39204 이것을 왼쪽에 놓아두자. 연못의 지름을 제곱
3960
100
하고 3배하면 원의 넓이의 4배이고 다시 49를 곱하면 원의 넓이의
196배이다. 0 이것을 왼쪽에 놓아둔 식에서 뺀다. 39204
0 3960
147 −47
다시 왼쪽에 놓아두자. 넓이를 고쳐 보로 나타내어 196을 곱하여 다시
놓아둔 식과 서로 계산하여 개방식 −56052 을 얻어 이 평방을 풀어
3960
−47
연못의 지름을 얻고 조건에서 주어진 수의 2배를 더하여 5배하고 7로
나누면 발의 한 변이다.

術曰立天元一爲池徑 0 加入倍之云數爲方斜 就分五之爲七段田方 99
1 5
自之爲四十九段方積 又四之爲一百九十六段方積 39204 寄左 又列池徑
3960
100
自之三之爲四段圓積 又四十九之爲一百九十六段圓積 0 以減於寄左
0
147
39204 再寄 列畝通步內子一百九十六之 與再寄相消得開方式 −56052
3960 3960
−47 −47

平方開之 得池徑 加入倍之云數 五之七而一 得田方合問

〔5-15〕

개방의 이론을 살펴보건대, 번과 순을 따지지 않고 모두 동가이감을 규칙으로 하고 있으니 정은 0에 더하여도 정이고 부는 0에 더하여도 부라는 것은 변하지 않는 사실이다. 이것은 〈산학계몽〉의 개방법의 부문에서 이미 확고하고 자세하게 알 수 있다. 유독 여기에 있는 두 문제에서 정사각형과 원을 서로 빼는 방법은 처음 배우는 사람이 볼 때 의심이 생겨 마치 동감하고 이가가 아닌가 하고 생각하게 된다. 만일 이것이 사실이라면 정은 0에 대하여 부가 되고 부는 0에 대하여 정이 되는 것도 당연하다. 그러나 자세히 살펴보면 정사각형의 넓이의 4배는 본래 그 자체가 정이다. 여기에 비해 원의 넓이는 부가 된다. 그 원 안에 정사각형이 있어서 정사각형의 넓이를 뺀 연후에 나머지 땅의 넓이를 알 수 있기 때문이다. 정사각형이 이미 원에 대하여 부가 되면 비록 처음 근본은 정이나 역시 부로서 사용되어 있으니 부는 0에서 부라는 법칙이다. 그 부인 것이 본래 부이나 역시 정으로 사용되었으니 정은 0에서 정이라는 법칙이다. 정사각형 안에 원이 있는 경우도 이치는 같다. 이미 재차 옆에 놓아둔 식을 얻었을 때 이것은 밖에 있는 땅의 넓이의 수이고 그 실의 자리는 부이다. 저쪽의 7943보의 수가 비록 정이나 재차 놓아둔 식에 온다면 여기에서는 불가피하게 부가 된다. 만일 여기에서 정이라면 그 수와 빼서 버려야 하니 이쪽이 부이면 그 수는 여기에서 같은 부호가 되어야 하고 어찌 여기에서 서로 더하지 않을 수 없겠는가. 이러한즉 그것은 반드시 동가이감을 쓰는 경우이고 동감이가를 의심할 것이 없음이 분명하다. 세상의 수학을 마음 속으로 즐기면서 여기에 관심을 갖는 사람은 이러한 어리석은 논설을 생각하지 않을 수 없다.

按開方之術 無論翻順一切 皆以同加異減爲率 故正無人正之 負無人負之 此乃不易之定例也 是於啓蒙開方一門固已詳矣 獨此二問方圓相減之術 自初學觀之 或不無疑似於同減而異加也 苟如是則其所 以正無人負 負無人正者 亦當爾矣 然嘗細究之蓋四段方積 本自爲正而 此之圓積乃爲負也 以其圓内之有方而 減去方積然後外餘地畝之數方可推出也 方旣爲負於圓 則其正者雖本爲正而亦當以負而用 負之率矣 其負者雖本爲負而 亦當以正而用 正無人正之率矣 至於方内之有圓其理亦同 且如旣得再寄則是 乃外餘地畝之數而 其

實位已爲負矣 顧彼七千九百四十三步之數雖亦爲正而 旣有此再寄彼不得不爲負於此 此若爲正則此内當減去彼數而 此乃爲負 則彼之於此固爲同名 又安得不相加於此耶 夫如此則其必用同加異減之例而 不疑於同減而異加也 亦已明矣世之游心於九數之藝而有眩於斯者 尚不能不攷乎瞽說焉

〔5-16〕 지금 직사각형의 밭이 있는데, 넓이는 9무 8푼이다. 다만 길이의 $\frac{5}{8}$를 취하고 너비〔활〕의 $\frac{2}{3}$를 취하여 서로 합하면 63보라고 한다. 길이와 너비는 각각 얼마인가? 〔〈산학계몽〉에 있는 개방석쇄문에 있는 천원일술의 세 문제이다. 이 세 개의 문제를 내가 20여년 간 생각한 끝에 알게 되었다. 후의 독자들도 역시 깊이 생각하여 풀어보아야 한다.〕
今有直田九畝八分 只云長取八分之五 平〔闊也〕取三分之二 相併得六十三步 問長平各幾何 〔啓蒙開方釋鎖天元一術三條○此三條是余積二十餘年思之乃通者 後之觀者尚亦玩繹焉可也〕

답: 너비 42보 길이 56보
答曰平四十二步 長五十六步

풀이: 포산 그림
8 길이 5
3 너비 2
분모와 분자를 서로 곱한다. 길이의 15배와 너비의 16배를 얻는다. 분모를 서로 곱한다. 24를 얻어 63에 곱하면 1512가 되어 바로 길이의 15배와 너비의 16배의 합이다. 너비를 천원1로 놓자. 0 16을 곱하여
1
1512에서 빼면 나머지가 길이의 15배이다. 1512 여기에 너비를
−16
곱하면 넓이의 15배이다. 0 왼쪽에 놓아두자. 주어진 넓이를
1512
−16
보로 고쳐 15를 곱하면 35280이고 옆에 놓아둔 식과 서로 계산하여

개방식 −35280 을 얻는다. 이 평방을 풀어 너비를 얻고 넓이를 너비
1512
−16

로 나누어 길이를 얻는다. 〔이것은 길이의 15배와 너비의 16배를 서로 합하면 63보의 24배라는 수에 의하여 문제를 푼 것이다.〕
이것을 살펴보니 대종부우감종개평방이다.

너비의 $\frac{2}{3}$는 28보, 너비의 16배는 672보, 길이의 $\frac{5}{8}$는 35보, 길이의 15배는 840보, 넓이를 보로 고치면 2352보이다.

術曰 依圖布算

8　長　5
3　平　2

母互乘子乃得長一十五箇平十六箇　分母相乘得二十四　以乘六十三得一千五百一十二 卽是一十五長一十六平數也 立天元一爲平 0 以十六乘之 以減云數 餘爲一十五長 1512 　用平乘之 爲一十五段積 　0 　寄左 列畝通步
−16　　1512
−16

以一十五乘之得三萬五千二百八十 與寄左相消 得開方式 −35280
1512
−16

平方開之得平　以平除積得長合問〔此爲一十五長一十六平　相併卽得二十四箇六十三步之數 依此推求〕
按此係帶從負隅減從開平方
平三分之二二十八步 一十六平六百七十二步 長八分之五三十五步 一十五長八百四十步 列畝通步二千三百五十二步

☞ 역자 주: $\frac{5}{8}$ 길이 $+\frac{2}{3}$ 너비 $=63$

15 길이 + 16 너비 = 1512 이므로

너비를 x라 하면, $-16x+1512$는 15개의 길이이고 양자를 곱한 $-16x^2+1512x$는 넓이의 15배이다. 그리고 9무 8푼(9.8×240=2352(보))의 15배는 35280보이므로 다음 식이 성립한다.

$$-16x^2+1512x-35280=0$$

이 이차방정식을 풀어 너비를 구한다.

〔5-16-1〕 만약 문제를 고쳐서 서로 합한 값이 길이보다 7보가 크다로 되어있다고 하자. 이때는 바로 24를 곱하면 이것은 길이의 15배와 너비의 16배의 합이 24배의 길이보다 168보 더 크다로 된다.
길이의 15배를 길이의 24배에서 빼면 길이의 9배이다. 9개의 길이에 168보를 더하면 바로 너비의 16배이다. 168보를 길이의 24배인 1344보에 더하면 1512보이다. 길이의 24배는 1배 길이의 24개 수이다.
若問相併多於一長七步 則二十四乘之 是爲一十五長一十六平相併多於二十四長一百六十八步
以一十五長減於二十四長餘九長 置九長加一百六十八步 則一十六平也◯以一百六十八步加於二十四長之積一千三百四十四步 卽得一千五百一十二步◯二十四長卽二十四箇一長之數也

〔5-16-2〕 만약 문제를 고쳐서 서로 합한 값이 너비의 2배보다 21보가 작다로 되어있다고 하자. 이때는 바로 24배하면 이것은 길이의 15배와 너비의 16배를 서로 합한 것이 너비의 48배보다 504보 작다가 된다.
너비의 16배를 너비의 48배에서 빼면 나머지는 너비의 32배이다. 32배의 너비에서 504보를 빼면 길이의 15배이다. 504보를 48배한 너비의 값 2016에서 빼면 1512보이다. 너비의 48배는 2배 너비의 24개 수이다.
若問相併不及二平二十一步 則二十四乘之 是爲一十五長一十六平相併 不及四十八平五百空四步
以一十六平減於四十八平 餘三十二平 置三十二平減五百空四步 則一十五長也◯以五百空四步減於四十八平之積二千空一十六步 卽一十五長也◯以五百空四步減於四十八平之積二千空一十六步 卽得一千五百一十二步◯四十八平卽二十四個二平之數也

〔5-16-3〕 가령 길이의 $\frac{1}{4}$과 너비의 $\frac{1}{3}$을 취하여 서로 합하면 6자를

얻는다고 하는 문제가 있으면 분모와 분자를 곱하여 얻는 길이의 3배와 너비의 4배의 합은 분모를 서로 곱한 12를 6자에 곱한 72자이다. 바로 길이의 3배와 너비의 4배를 서로 합한 수이다. 이때 넓이가 96자라는 조건이 있으면 길이는 16자, 너비는 6자이다.
假如長取四分之一 平取三分之一 相併得六尺 則母互乘子得長三箇平四箇分母相乘一十二以乘六尺得七十二尺 卽長三箇平四箇相併數也 此係直積九十六尺 長十六尺平六尺

〔5-17〕 지금 직사각형의 밭이 있는데, 넓이는 11무 9푼이다. 다만 길이와 너비의 화의 $\frac{2}{11}$를 취하고 길이와 너비의 교의 $\frac{7}{13}$을 취하고 교와 너비의 차에서 $\frac{5}{8}$를 취하면 너비의 1배보다 2보가 크다고 한다. 길이와 너비는 각각 얼마인가?
今有直田一十一畝九分 只云長平和取十一分之二 長平較取十三分之七 較平差取八分之五 多於一平二步 問長平各幾何

답: 너비 42보, 길이 68보, 화 110보, 교 26보, 차 16보
答曰平四十二步 長六十八步 和一百一十步 較二十六步 差一十六步

풀이: 포산 그림
11 화 2
13 교 7
8 차 5
분모와 분자를 서로 곱하여 화의 208배를, 교의 616배를, 차의 715배를 얻는다. 분모를 서로 곱하여 1144를 얻어 크다고 한 2보에 곱하면 2288을 얻는다. 이 수는 별도로 계산한 길이의 109배에서 너비의 122배를 뺀 나머지이다. 길이를 천원1로 놓자. 0 109를 곱하고 여기
1
에서 앞에서 말한 나머지의 수식을 빼면 −2288 너비의 122배이다.
109

여기에 길이를 곱하면 넓이의 122배가 된다. $\begin{matrix}0\\-2288\\109\end{matrix}$ 이것을 옆에 놓아두자. 주어진 넓이에 122를 곱하여 왼쪽에 놓아둔 식과 계산하여 개방식 $\begin{matrix}-348422\\-2288\\109\end{matrix}$[173] 을 얻어 평방을 풀면 길이를 얻고 넓이를 길이로 나누면 너비이다. 〔이 문제는 화의 208배, 교의 616배, 차의 715배의 합이 너비의 1114배보다 2288보 크다는 관계식에서 출발하여 풀어나간 것이다. 너비의 1144배는 1개 너비의 수의 1144배이다.〕

術曰依圖布算

11　和　2

13　較　7

8　差　5

母互乘子乃 得和二百空八箇 較六百一十六箇 差七百一十五箇 分母相乘得一千一百四十四 以多於二步乘之 得二千二百八十八 別得一百空九長內減一百二十二平餘數也 立天元一爲長 $\begin{matrix}0\\1\end{matrix}$ 一百空九之 內減餘數式 $\begin{matrix}-2288\\109\end{matrix}$ 爲一百二十二段平 以長乘之 爲一百二十二段積 $\begin{matrix}0\\-2288\\109\end{matrix}$ 寄左 列各積一百二十二乘之 與寄左相消得開方式 $\begin{matrix}-348422\\-2288\\109\end{matrix}$[174] 平方開之得長 以長除積得平合問〔此爲二百0八和 六百一十六較 七百一十五差 相併多於一千一百四十四平二千二百八十八步之數 依此推求◯一千一百四十四平 卽一千一百四十四箇一平之數也〕

이 풀이 과정을 보니 감종개평방법이다.

---

173) −348432로 고쳐야 한다.

174) −348432로 고쳐야 한다.

길이의 109배는 7412보, 너비의 122배는 5124보, 넓이를 보로 나타내면 2856보, 화의 $\frac{2}{11}$는 20보, 교의 $\frac{7}{13}$은 14보, 차의 $\frac{5}{8}$는 10보, 이 세 가지의 합은 44보이다. 서로 합한 44보를 1144로 곱하면 50336보, 바로 화의 208배에 교의 616배와 차의 715배를 서로 합한 보의 수이고 여기에서 2288보를 빼면 너비의 1144배이다.
按此係減從開平方
一百空九長七千四百一十二步 一百二十二平五千一百二十四步 列畝通步二千八百五十六步 和十一分之二二十步 較十三分之七一十四步 差八分之五一十步 右三色相併四十四步 置相併四十四步以一千一百四十四乘得五萬空三百三十六步 卽二百空八和 六百一十六較 七百一十五差 相併步數也 内減二千二百八十八步 卽得一千一百四十四平

〔5-17-1〕 장평화교차연단도(長平和較差演段圖)

1화 안에 1길이, 1너비가 있다. 또는 2 너비, 1교가 있다. 1길이 안에 1너비, 1교가 있다. 또는 2교, 1차가 있다. 1너비 안에 1교, 1차가 있다.[175]

단계별로 얻는 과정은 다음과 같다. 208 화 안에는 208 길이와 208 너비가 있다. 또한 208 길이 안에는 109 길이와 99 길이가 있다. 또한 99 길이에는 99 너비와 99 교가 있다. 먼저 109 길이를 얻을 때 208 너비와 99 너비가 생기며 이것을 더하면 307 너비이다. 99 교와 616 교를 더하면 715 교이고 이 715 교와 715 차를 더하면 715 너비가 된다. 앞에서 얻은 307 너비를 715 너비에 더하면 1022너비이다. 이미 109 길이를 얻었고 다음에 얻은 1022 너비를 1144 너비에서 빼면 122 너비를 얻어 이것을 109 길이에서 빼면 나

175) [5-17] 풀이의 핵심은 109 길이에서 122 너비를 빼면 2288보인 관계이다. 이것을 설명하기 위해 이용할 장평화교차의 관계를 나타낸 그림이다.

머지가 2288이다.

一和內	一長	一平
亦云	二平	一較
一長內	一平	一較
亦云	二較	一差
一平內	一較	一差

商段別得如下方○二百空八和內　二百空八長　二百空八平　右二百空八長內一百空九長　餘九十九長　內九十九平　九十九較○先商得一百空九長　內幷二百空八平　及九十九平　爲三百空七平　又以九十九較幷六百一十六較　則七百一十五較也　七百一十五較與七百一十五差幷　爲七百一十五平　幷三百空七平則一千空二十二平○旣商得一百空九長　次得一千空二十二平　以一千空二十二平減於一千一百四十四平　得一百二十二平　以減於一百空九長　餘二千二百八十八也

☞ 역자 주: 문제 상황을 식으로 나타내면 $\frac{2}{11}$화$+\frac{7}{13}$교$+\frac{5}{8}$차$=$너비$+2$ 이다.
즉, 208화+616교+715차=1144너비+2288 이다.
장평화교차연단도를 이용하여 다음과 같이 생각한 것이다.

208길이+208너비+616교+715차=1144너비+2288
(109길이+99길이)+208너비+616교+715차=1144너비+2288
109길이+(99너비+99교)+208너비+616교+715차=1144너비+2288
109길이+307너비+(715교+715차)=1144너비+2288
109길이+307너비+715너비=1144너비+2288
109길이+1022너비=1144너비+2288
109길이−122너비=2288

〔5-18〕 지금 직사각형의 밭이 있는데, 넓이는 19무 6푼이다. 다만 길이에서 강반을 취하고 너비에서 약반을 취하고 화에서 중반을 취하고 교에서 태반을 취하면 모두 합하여 길이의 2배에서 2보와 소반보가 모자란다고 한다. 길이와 너비는 각각 얼마인가? 〔강반은 $\frac{3}{4}$, 약반은 $\frac{1}{4}$,

중반은 $\frac{1}{2}$, 태반은 $\frac{2}{3}$, 소반은 $\frac{1}{3}$이다.]

今有直田一十九畝六分 只云長取强半 平取弱半 和取中半 較取太半 爲共不及二長二步少半步 問長平各幾何 〔强半四之三 弱半四之一 中半二之一 太半三之二 少半三之一〕

답: 너비 56보, 길이 84보, 화 140보, 교 28보, 길이의 2배 168보
答曰平五十六步 長八十四步 和一百四十步 較二十八步 二長一百六十八步

풀이: 포산 그림
4 길이 3
4 너비 1
2 화 1
3 교 2
분모와 분자를 서로 곱하여 길이의 72배, 너비의 24배, 화의 48배, 교의 64배를 얻고 분모를 서로 곱하여 얻은 96을 모자란 수에 곱하여 224보이다. 별도로 계산하여 길이의 8배에서 너비의 8배를 빼면 차의 8배는 224보이고, 8로 약분하여 28보가 1 교가 된다. 바로 길이에서 너비를 뺀 것이다. 너비를 천원1로 놓자. 0
1
28보를 더하여 길이가 된다. 28
1
너비를 곱하여 넓이가 된다. 0
28
1
왼쪽에 놓아두자. 넓이를 240보를 써서 보로 고쳐 왼쪽에 놓아둔 식과 서로 계산하여 개방식 4704
28
1
[176] 을 얻는다. 이 평방을 풀어 너비를 구하고 너비로 넓이를 나누어 길이를 구한다. 〔이것은 길이의 72배, 너비의 24배, 화의 48배, 교의 64배를 모두 더하면 길이의 192배에서 224보가 모자라는 관계에서 시작하여 풀어나간 것이다. 길이의 192배는 바로 2 길이의

176) −4704로 고쳐야 한다.

96배이다.]
術曰依圖布算
4 長 3
4 平 1
2 和 1
3 較 2
母互乘子 得長七十二箇 平二十四箇 和四十八箇 較六十四箇 分母相乘得九十六 以乘不及 得二百二十四步 別得八長內減八平 餘八較今從省 八約之得二十八步爲一較 卽一長內減一平 立天元一爲平 0 加入二十八步爲長 28
1　1
用平乘起爲積 0 寄左 列畝以二百四十通步 與寄左相消得開方式
28
1
4704[177] 平方開之得平 以平除積得長也〔此爲七十二長 二十四平
28
1
四十八和 六十四較 相倂不及一百九十二長二百二十四步之數 依此推求○一百九十二長 卽九十六箇二長之數也〕

이 풀이 과정을 살펴보면 대종개평방이다.
길이의 8배는 672보, 너비의 8배는 448보, 길이의 강반은 63보, 너비의 약반은 14보, 화의 중반은 70보, 교의 태반은 18보 태반, 이 네 가지를 모두 합하면 165보 태반이다.
모두 합한 165보 태반을 가분수로 고쳐 분자에 96을 곱하고 3으로 나누면 15904보이다. 바로 길이의 72배, 너비의 24배, 화의 48배, 교의 64배를 서로 더한 수이다. 여기에 224보를 더하면 바로 길이의 192배이다.〔태반의 분모는 3이므로 3으로 나눈다.〕넓이를 보로 고치면 4704보이다.
按此係帶從開平方
八長六百七十二步 八平四百四十八步 長强半六十三步 平弱半一十四步 和中半七十步 較太半一十八步太半 右四色相倂一百六十五步太半

177) −4704로 고쳐야 한다.

置相倂一百六十五步太半 通内以九十六乘之三而一 得一萬五千九百空四步 卽七十二長 二十四平 四十八和 六十四較 相倂步數也 加入二百二十四步 卽一百九十二長〔太半分母三 故三而一也〕列畝通步 四千七百空四步

〔5-18-1〕 장평화교연단도(長平和較演段圖)

1 화 안에 2 너비, 1교가 있다.
1 길이 안에 1 너비, 1교가 있다.[178]

단계별로 얻어지는 과정은 다음과 같다. 72 길이와 24 너비가 있다. 48 화 안에는 96 너비와 48 교가 있다. 여기서 48 교와 뒤의 64 교를 더하면 112 교이다. 또 96 너비와 앞의 24 너비를 더하면 120 너비이다. 이 120 너비 중에서 122[179] 너비를 취하여 앞의 112 교와 더하면 112 길이를 얻는다. 이 112 길이를 앞의 72 길이와 더하면 184 길이를 얻는다. 앞에서 120 너비에서 122[180] 너비를 빼었으므로 8 너비가 남아있다. 결국 184 길이+8 너비로 귀착되었다. 따라서 192 길이에서 184 길이를 빼어 8 길이가 되고 여기에서 8 너비를 빼어 8 교이다. 48 화 안에는 48 길이와 48 너비가 있다. 여기에 있는 48 길이에 앞에 있는 72 길이를 더하면 120 길이이다. 다시 48 너비에 앞에 있는 24 너비를 더하면 72 너비이다. 이 72 너비에서 64 너비를 취하여 뒤의 64 교와 더하면 64 길이를 얻고 이 64 길이를 앞에서 얻은 120 길이에 더하면 184 길이를 얻는다. 결국 이 184 길이를 192 길이에서 빼면 8 길이가 남고 또 72 너비에서 64 너비를 뺐으므로 8 너비가 남는다. 따라서 8 길이 빼기 8 너비의 나머지는 224보, 즉 8 교는 224보이다.

一和内 二平 一較
一長内 一平 一較

178) [5-18]의 풀이를 보면 교, 즉 길이와 너비의 차가 28보라는 사실이 핵심이다. 이 관계의 유도 과정이 두 가지 방법으로 설명되어 있다.

179) 112로 고쳐야 한다.

180) 112로 고쳐야 한다.

商段別得如下方○七十二長 二十四平○四十八和內 九十六平 四十八較 右四十八較幷六十四較 則一百一十二較也 又九十六平幷二十四平 則一百二十平 內取一百二[181]十二平 以幷一百一十二較 得一百一十二長 以幷七十二長 得一百八十四長 其一百二十平內減一百二[182]十二平 則餘八平○旣商得一百八十四長 及八平 乃置一百九十二長內減一百八十四長 得八長內減八平餘八較也○四十八和內四十八長四十八平○右四十八長幷七十二長 則一百二十長 又四十八平幷二十四平 則七十二平 內取六十四平 以幷六十四較 得六十四長 以幷一百二十長 得一百八十四長 以減一百九十二長 則餘八長而 七十二平內餘八平 故八長減八平而餘八較矣

☞ 역자 주: 여기서 말한 방법을 오늘날 방식으로 표시하면 다음과 같다.

72길이 + 24너비 + 48화 + 64교 = 192길이 − 224

72길이 + 24너비 + 96너비 + 48교 + 64교 = 192길이 − 224

72길이 + 120너비 + 112교 = 192길이 − 224

184길이 + 8너비 = 192길이 − 224

8너비 = 8길이 − 224

8교 = 224

한편, 72길이 + 24너비 + 48화 + 64교 = 192길이 − 224

72길이 + 24너비 + 48길이 + 48너비 + 64교 = 192길이 − 224

120길이 + 72너비 + 64길이 − 64너비 = 192길이 − 224

184길이 + 8너비 = 192길이 − 224

8교 = 224

---

181) 一로 고쳐야 한다.

182) 一로 고쳐야 한다.

산학본원 (이수신편 제23권)

2006년 5월 10일 초판 인쇄
2006년 5월 20일 초판 발행

저 자 / 서명산인 황윤석(西溟散人 黃胤錫) 편집
역 자 / 강신원 · 장혜원
발행자 / 오판근
발행처 / 교우사

주 소 / 서울 동대문구 제기2동 148-19
전 화 / 925-2861, 929-4865
팩 스 / 925-2860
E-mail / kw2861 @ chollian. net
http: // www. kyowoo. co. kr
등록 / 1994. 3. 24 제6-0256호

ISBN 89-8172-601-9 (94410)
89-8172-590-X (세트)

값 20,000원

이 저서는 2002년 한국학술진흥재단의 지원에 의하여 연구되었음.
(KRF-2002-071-CS2001)